Leitfaden für Ausbildungsbeauftragte
in der betrieblichen Praxis

Dietmar Hartmann

Leitfaden für Ausbildungsbeauftragte in der betrieblichen Praxis

expert

Bibliografische Information der Deutschen Nationalbibliothek
Die Deutsche Nationalbibliothek verzeichnet diese Publikation in der Deutschen Nationalbibliografie; detaillierte bibliografische Daten sind im Internet über http://dnb.dnb.de abrufbar.

Dischingerweg 5 · D-72070 Tübingen

Internet: www.expertverlag.de
eMail: info@expert.verlag

CPI books GmbH, Leck

ISBN 978-3-8169-3465-3 (Print)
ISBN 978-3-8169-8465-8 (ePDF)

Inhalt

Vorwort

Es zeigt sich, dass die Stellung der Ausbildungsbeauftragten (Ausbildungsbeauftragte werden in den unterschiedlichen Firmen auch Ausbilder vor Ort, Ausbildungspaten oder ausbildende Fachkräfte genannt) immer mehr an Bedeutung gewinnt, da sich die Ausbildung mehr und mehr in Richtung Betriebe verlagert. Durch Stellenabbau, Firmenfusionen und eine erheblich gestiegene Arbeitsbelastung des Einzelnen wird es immer schwieriger, geeignete Mitarbeiter, die sich auch bereit erklären, als Ausbildungsbeauftragte zu fungieren, zu finden.

Die Bedeutung der Ausbildungsbeauftragten wird in vielen Betrieben verkannt, obwohl es enorm wichtig ist, den eigenen Nachwuchs für das Unternehmen optimal und betriebsnah auszubilden. Ebenso wichtig ist es für die Auszubildenden, einen kompetenten Ansprechpartner bzw. „Ausbilder" in der betrieblichen Ausbildungsphase zu haben.

Im Zuge des Fachkräftemangels ist es wichtiger denn je, den eigenen Nachwuchs selbst und betriebsnah auszubilden. Deshalb brauchen wir motivierte und kompetente Ausbildungsbeauftragte.

Die jeweiligen Aufgaben- und Verantwortungsbereiche sind von Betrieb zu Betrieb und auch innerhalb der Betriebe selbst unterschiedlich geregelt. Die Vorbereitung oder Schulung auf die Aufgaben des Ausbildungsbeauftragten findet gar nicht oder eher selten statt.

Der vorliegende Leitfaden für Ausbildungsbeauftragte in der betrieblichen Praxis resultiert aus eigener langjähriger Erfahrung als Ausbildungsbeauftragter, meiner Tätigkeit im Prüfungsausschuss für die Ausbildereignungsprüfung bei der IHK Frankfurt/ Main, meiner Tätigkeit als Referent für die Weiterbildung von

Mitgliedern in Prüfungsausschüssen, aus zahlreichen Diskussionen und dem Erfahrungsaustausch mit hauptamtlichen Ausbildern, mit „Neuen", aber auch mit langjährigen Ausbildungsbeauftragten und Auszubildenden aus allen Bereichen der dualen Bildungslandschaft.

Ebenso sind in diesen Leitfaden für Ausbildungsbeauftragte praktische Erfahrungen aus mehreren Schulungen speziell für Ausbildungsbeauftragte, angehende Ausbilder und Erfahrungen aus einer gezielten Weiterbildung zum Aus- und Weiterbildungspädagogen eingegangen. Dem Ausbildungsbeauftragten vor Ort soll dieses Handbuch als Hilfestellung und gleichermaßen als Nachschlagewerk für seine tägliche Arbeit im Umgang mit Auszubildenden dienen.

Weiterhin sollte das Buch als Anregung und gewollt als Ansporn dienen, sich intensiver mit der wichtigen Materie „betriebliche Ausbildung" zu befassen.

Diese 4., neu überarbeitete Auflage setzt weiterhin den Schwerpunkt auf eine handlungs- und prozessorientierte Ausbildung, da diese ebenso zwingend zu einer guten und modernen Ausbildung gehört wie die Thematik der Lernprozessbegleitung. Weiterhin finden die immer bedeutender werdenden Themen Digitalisierung (Arbeit 4.0) und interkulturelle Kompetenz in dieser Auflage Berücksichtigung.

Dietmar Hartmann

Es sei darauf hingewiesen, dass im Folgenden aufgrund der besseren Lesbarkeit lediglich die männliche Bezeichnung verwendet wird.

1. Unterschiede Ausbilder – Ausbildungsbeauftragte

Im Berufsbildungsgesetz (BBiG) ist deutlich geregelt, wer ausbilden darf:

Auszubildende darf nur ausbilden, wer persönlich und fachlich geeignet ist (BBiG §. 28 Abs. 1 Satz 2).

Die Voraussetzungen für die persönliche Eignung ergeben sich aus §. 29, die der fachlichen aus §. 30 BBiG.

Darüber hinaus regelt das Gesetz in §. 28 Abs. 3 BBiG jedoch auch die Mitwirkung anderer Personen bei der Ausbildung.

> „Unter der Verantwortung des Ausbilders oder der Ausbilderin kann bei der Berufsausbildung jedoch mitwirken, wer selbst nicht Ausbilder oder Ausbilderin ist, aber abweichend von den besonderen Voraussetzungen des §. 30 BBiG die für die Vermittlung von Ausbildungsinhalten erforderlichen beruflichen Fertigkeiten, Kenntnisse und Fähigkeiten besitzt und persönlich geeignet ist."
>
> Quelle: www.BerufsBildungsGesetz.de (BBiG)

Seit dem 16. Dezember 2015 gibt es eine Empfehlung des Hauptausschusses des Bundesinstituts für Berufsbildung zur Eignung der Ausbildungsstätten (www.bibb.de)

Mit dieser Empfehlung legt der Hauptausschuss Kriterien für die Eignung der Ausbildungsstätten und damit für die einheitliche Anwendung der §§. 27 und 32 des Berufsbildungsgesetzes (BBiG) sowie der §§. 21 und 23 der Handwerksordnung (HwO) vor.

Auszug:

2.5.2.1 Nebenberufliche Ausbilderin/nebenberuflicher Ausbilder
Ausbildende gemäß §. 28 Absatz 1 BBiG, §. 22 Absatz 1 HwO und Ausbilderinnen/Ausbilder im Sinne von §. 28 Absatz 2 BBiG, §. 22 Absatz 2 HwO, die neben der Aufgabe des Ausbildens noch weitere betriebliche Funktionen ausüben, sollen durchschnittlich nicht mehr als drei Auszubildende selbst ausbilden. Es muss sichergestellt sein, dass ein angemessener Teil der Arbeitszeit für die Tätigkeit als Ausbilderin/Ausbilder zur Verfügung steht.

2.5.3 Qualifikation des Ausbildungspersonals
Ausbildende Fachkräfte – gesetzliche Grundlage: §. 28 Absatz 3 BBiG, §. 22 Absatz 3 HwO – optional: z. B. Ausbilderlehrgang, Vorbereitungslehrgang für die Ausbilder-Eignungsverordnung-Prüfung, zielgruppenspezifische Weiterbildungsangebote

www.bundesanzeiger.de
Veröffentlicht am Montag, 25. Januar 2016 BAnz AT

Bildquelle: Dietmar Hartmann

Das heißt, dass die Befähigung zum Ausbildungsbeauftragten nicht in einer Prüfung nachgewiesen sein muss. Der Ausbildungsbeauftragte unterstützt den Ausbilder und betreut die Auszubildenden an den betrieblichen Ausbildungsplätzen in der jeweiligen betrieblichen Ausbildungsphase. Außerdem sollte er bereit und fähig sein, den Nachwuchs im eigenen Unternehmen gut auf die Zukunft vorzubereiten.

⇨ **Diese Mitarbeiter werden „Ausbildungsbeauftragte“ oder „Ausbildungsbetreuer“ genannt!**

Die Bezeichnung ist leider rechtlich nicht gesichert!

2. Aufgaben und Stellung der Ausbildungsbeauftragten vor Ort

Die Aufgabe des Ausbildungsbeauftragten oder Ausbildungsbetreuers sieht vor, dass Auszubildende vor Ort, im Betrieb und im laufenden Prozess optimal betreut werden und dies neben der eigentlichen beruflichen Tätigkeit des Ausbildungsbeauftragten nach bestem Wissen und Gewissen erfolgen sollte.

Die Stellung der Ausbildungsbeauftragten in den einzelnen Betrieben ist recht unterschiedlich geregelt und findet meistens wenig Beachtung oder Wertschätzung.

In der letzten Zeit ist aber ein positiver Trend zu beobachten, indem sich verschiedene Institutionen, wie z. B. die zuständigen Stellen, einzelne Gewerkschaften und zahlreiche Bildungsunternehmen, dieser wichtigen Thematik angenommen haben. Hier werden verschiedene Workshops und Seminare für die Zielgruppe der Ausbildungsbeauftragten angeboten.

Eine kleine Auswahl der Anbieter finden sie im Anhang **Seite. 93**.

3. Zeitmanagement

Wie vereinbare ich meine persönliche Arbeit mit der Betreuung der Auszubildenden?

Zeit ist zu einem kostbaren Gut geworden. So bestimmen Zeitmangel und Leistungsdruck sehr oft unseren beruflichen Alltag. Umso bedeutender ist es, die wichtigen Aufgaben nicht aus den Augen zu verlieren.

Der Begriff Zeitmanagement ist eigentlich eine irreführende Bezeichnung, da die Zeit ganz unabhängig davon vergeht, was wir in dieser Zeit tun.

Das einzige, was man managen kann, ist sich selbst. Daher beschäftigt sich Zeitmanagement vorwiegend mit Selbstmanagement.

Bildquelle: Dietmar Hartmann

Das Ganze lässt sich grob in die vier Bereiche

Plan
Prioritäten
Ziele
Motivation

einteilen, wobei die meisten Themen mehreren Bereichen zuzuordnen sind bzw. miteinander verzahnt sind!

Wir sollten hier immer Vorbild sein und unsere Auszubildenden dazu anleiten, dies auch so umzusetzen.

Plan

Wie sieht mein Plan diese Woche, diesen Monat aus? Was muss erledigt werden?

Der Ausbildungsbeauftragte ist gut beraten, wenn er für die vor ihm liegende Zeit einen Plan aufstellt und „seinen" Auszubildenden immer miteinbezieht. Der Auszubildende sollte wissen, was ihn erwartet.

Prioritäten

Was muss zuerst erledigt bzw. fertiggestellt werden?

Um das Ziel zu erreichen, sollte (wenn möglich) eine Prioritäten-Liste erstellt werden. Dem Auszubildenden werden (nach gründlicher Einweisung) kleinere bzw. leichtere Tätigkeiten übertragen, die zum Erreichen des Ziels notwendig sind. So wird der Auszubildende automatisch motiviert.

Ziele

Wie sieht die eigene Zielsetzung aus? WAS soll WANN und WIE fertig sein?

Hier kann gemeinsam mit dem Auszubildenden ein Ziel definiert und ihm klar gemacht werden, dass wir ohne ihn das Ziel nicht oder nur schwer erreichen können. Auf diese Art und Weise erzeugen wir eine weitere Motivation unserer Auszubildenden.

Motivation

Wie kann ich mich und meinen Auszubildenden motivieren?

Für den Ausbildungsbeauftragten sollte es Motivation genug sein, nach sorgfältiger Planung und unter Berücksichtigung der Prioritäten-Liste ein bestimmtes Ziel in einem bestimmten Zeitraum zu erreichen.

Für den Auszubildenden besteht die Motivation darin, wenn wir gemeinsam ein bestimmtes Ziel erreichen und ihm die Wichtigkeit seiner Mitarbeit transparent machen und umfassend vor Augen führen.

Die Motivation eines Auszubildenden steigt, wenn er seinen Lernfortschritt erkennt, der gestellten Aufgabe gewachsen ist, selbstständig arbeiten darf, eine Aufgabe bewältigen kann und wenn er anerkannt bzw. als Teil des Teams gesehen wird.

⇨ *Bei der oben genannten Theorie sollte immer ein hohes Maß an Fingerspitzengefühl vorrangig sein!*

Ebenso sollten wir auf nicht planbare Ereignisse (Krankheit, Unfall etc.) reagieren können.

Wer ist Ansprechpartner bei meiner Abwesenheit?

Vertreterregelung

Planbare Ereignisse ergeben sich von selbst:

betrieblicher Ausbildungsplan
Berufsschule
Urlaub etc.

Hilfreich kann die Erstellung einer täglichen oder wöchentlichen „ToDo-Liste" sein!

4. Wissen und Fertigkeiten

- **Wie vermittle ich Wissen und Fertigkeiten?**
- **Wie vermittle ich Schlüsselqualifikationen?**
- **Unterweisungsmethoden**
- **Lernziele**

Ich will meinem Auszubildenden mein Wissen, meine Fertigkeiten weitergeben bzw. ihm zu etwas verhelfen. Das heißt, ich möchte Fachkompetenz – hard skills – vermitteln.

Durch Globalisierung, die Einführung moderner Informations- und Kommunikationstechnologien, die Kurzlebigkeit von Firmenstrukturen und den erhöhten Wettbewerbsdruck hat sich unsere Arbeitswelt drastisch verändert.

Diese Veränderungen wirken sich auch auf die Anforderungen an unsere Auszubildenden aus.

Neben den fachlichen Kompetenzen rücken seit einigen Jahren Schlüsselqualifikationen, also nichtfachliche bzw. fachübergreifende Qualifikationen – oder soft skills –, immer mehr in den Vordergrund. Diese Kenntnisse und Fähigkeiten sind der „Schlüssel“ zur erfolgreichen Bewältigung der vielfältigen und komplexen Aufgaben in unserer Berufswelt (z. B. Teamfähigkeit, Flexibilität, selbstkritisches Verhalten, Toleranz, Problemlösung, Verantwortungsbewusstsein etc.).

Die Vermittlung von Schlüsselqualifikationen gewinnt daher eine immer größere Bedeutung in der Ausübung beruflicher Tätigkeiten und selbstverständlich in der betrieblichen Ausbildung.

Die betriebliche Ausbildung ist für die Vermittlung von Schlüsselqualifikationen bestens geeignet, da diese Fähigkeiten realitätsnah durch „learning by doing“ vermittelt werden können (siehe auch Kapitel „Lernprozessbegleitung“ **Seite. 35**).

⇨ Schlüsselqualifikationen können nicht vermittelt werden, sondern wir können unsere Auszubildenden beim Erwerb dieser Kompetenzen und Qualifikationen unterstützen und begleiten.

Wie Sie Ihre Auszubildenden am besten bei dem Erwerb dieser Kompetenzen und Qualifikationen unterstützen, wird im Folgenden näher beschrieben.

⇨ Zum einen sollte ich Vorbild sein, zum anderen gibt es verschiedene Möglichkeiten, wie ich WAS und WIE am besten vermittle und wie es unser Auszubildender am besten behält, um es letztendlich auch umsetzen und selbstständig anwenden zu können.

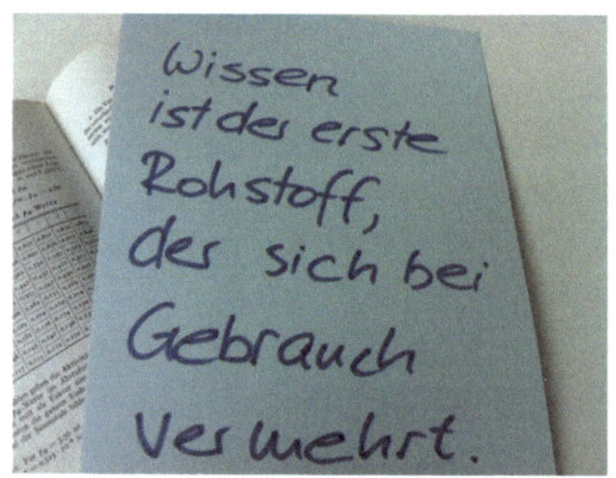

Bildquelle: Dietmar Hartmann
Textquelle: Mit freundlicher Genehmigung „brand eins" – Wirtschaftsmagazin

Die 4-Stufen-Methode zum Vermitteln von Fertigkeiten

Vorbereiten (Arbeitsplatz/Auszubildender)

Der Ausbildungsbeauftragte versucht, bei den Auszubildenden Interesse zu wecken, indem er die Zusammenhänge und die Bedeutung dieser zu vermittelnden Tätigkeit vorstellt. Er stellt das Material zur Verfügung und versucht, die Kenntnisse des Auszubildenden zu erforschen. Wenn möglich, sollte ein Bezug zu Vorkenntnissen hergestellt werden.

Vorführung und Erklärung

Der Ausbildungsbeauftragte zerlegt die Tätigkeit und erklärt dabei, WAS, WIE und WARUM er dies tut. Gegebenenfalls kann er einige Schritte wiederholen und dabei die Kernpunkte hervorheben. Anschließend führt er den gesamten Arbeitsvorgang vor und ermutigt die Auszubildenden zum Nachmachen.

Nachmachen und Erklärung

Der Auszubildende macht den Vorgang nach. Dabei sollte er das WAS, WIE und WARUM versprachlichen und somit eigene Verständnisprobleme selbst erkennen.

Fortschritte sollten vom Ausbildungsbeauftragten sofort gelobt und Fehler direkt korrigiert werden.

Bis zur Festigung der vermittelten Tätigkeit kontrolliert der Ausbildungsbeauftragte diese und gibt lobende Worte bei Beherrschung.

Selbstständig üben und arbeiten lassen

Diese Methode ist geeignet, um manuelle Fertigkeiten und praktische Tätigkeiten (psychomotorische Lernziele) einzuüben.

Das Ziel ist eine Automatisierung von praktischen Tätigkeiten. Sie soll Auszubildenden zum selbstständigen Anwenden verhelfen und kann als aktive Lehrmethode bezeichnet werden.

⇨ **Vorsicht:**
Die 4-Stufen-Methode zählt zu den klassischen Unterweisungsmethoden, die Auszubildenden könnten Transferprobleme aufzeigen.

Unser Anspruch sollte es sein, Kompetenzen und Qualifikationen zu vermitteln! (siehe auch Kapitel „Lernprozessbegleitung“ **Seite. 35**).

⇨ **Anmerkung:**
Die Theorie besagt, dass Kompetenz eigentlich nicht vermittelt werden kann. Kompetenz kann nur von unseren Auszubildenden erworben werden! Also sollten wir unseren Auszubildenden Qualifikationen vermitteln.

Besser, ihnen bei dem Erwerb von Qualifikationen behilflich sein bzw. sie dabei unterstützen. Dadurch sind sie kompetent und können ihr erlerntes Wissen und ihre Fertigkeiten anwenden und verstehen!

Weitere Unterweisungsmethoden sind:

Lern-/Lehrgespräch (fragend/entwickelnde Methode)

Um kognitive Lernziele, also theoretisches Wissen und Kenntnisse, anzusprechen, ist das Lern-/Lehrgespräch die besser geeignete Methode.

Der Ausbildungsbeauftragte kann durch gezielte berufsspezifische Fragestellungen das Gespräch steuern.

Durch die Art der Fragetechnik (W-Fragen) können wir die Aktivierung und Motivierung unserer Auszubildenden erheblich beeinflussen.

Ebenso können wir mit dieser Methode einige Schlüsselqualifikationen wie Teamfähigkeit, Problemlösefähigkeit etc. unseren Auszubildenden näherbringen.

⇨ **Grundsätzliche Regeln hierfür sind:**

- Um das Mitdenken anzuregen, offene Fragen stellen, sogenannte W-Fragen (wie, wann, wo, warum, weshalb, etc.)
- Den Auszubildenden Zeit zum Nachdenken lassen (und nicht nach kurzer Zeit die Antwort selber geben)
- Fangfragen vermeiden
- Teilweise richtige Antworten anerkennen
- Nicht richtige Antworten durch Hilfsfragen selbst finden lassen
- Durch Kontrollfragen Verständnis prüfen
- Anregen zum Mitdenken.

Modifizierte 4-Stufen-Methode

Hierbei handelt es sich quasi um einen „Methoden-Mix“! In die 4-Stufen-Methode bauen wir das fragend/entwickelnde Lern-(Lehr-)gespräch ein. Bei dieser Methode sind wir in der Lage, sowohl psychomotorische als auch kognitive Lernziele gleichzeitig einzuüben. Gelingt es uns, den Auszubildenden ein Gefühl für die einzuübende Tätigkeit, die nötige Einstellung und Verantwortung mit auf den Weg zu geben, können wir ebenfalls den affektiven Lernbereich aktivieren.

⇨ Der „Phantasie“ sind hier keine Grenzen gesetzt. Geschickt angewendet erreichen wir alle Wahrnehmungskanäle unserer Auszubildenden.

Leittextmethode

Leittexte sind schriftliche Anleitungen, mit deren Hilfe die Auszubildenden, durch Fragen geführt, weitgehend selbstständig mehr oder weniger komplexe Aufgaben oder Fragestellungen bearbeiten können. Wir geben unseren Auszubildenden Pläne, Rezepte, Zeichnungen etc. an die Hand und leiten sie anhand der Texte bzw. Vorgaben an.

Vollständigkeithalber seien noch folgende Unterweisungsmethoden erwähnt:

Der Frontalvortrag (Lehrvortrag) ist eine davon und findet eher in der hauptamtlichen Ausbildungsabteilung oder in der Berufsschule bei mehreren Auszubildenden Anwendung. Das Rollenspiel, Einzel- oder Gruppenarbeit oder die moderierte Diskussion sind ebenfalls für die betriebliche Ausbildungsphase ungeeignet und werden häufig in der Weiter- und Erwachsenenbildung eingesetzt.

⇨ Für die Unterweisung unserer Auszubildenden in der betrieblichen Ausbildungsphase, sollte ein vernünftiger Mix aus fragend/entwickelndem Lern(Lehr)-gespräch, das in die 4-Stufen-Methode eingebaut wird, zum Einsatz kommen.

⇨ Wie wir letztendlich zum Ziel (umfassende berufliche Handlungskompetenz) kommen ist egal.

Hauptsache unsere Auszubildenden haben verstanden, um was es geht, können dies selbstständig umsetzen und anwenden.

Vermittlung bzw. Erwerb von Wissen

Selbstständig und organisiert zu lernen, wird im beruflichen Alltag immer wichtiger. Diese Fähigkeit sollten wir unseren Auszubildenden ebenso an die Hand geben wie das strukturierte Vorgehen:

⇨ **Lernen will auch erst gelernt sein.**

Folgendes Vorgehen könnte hier sehr hilfreich sein:

1. Der Auszubildende sollte zunächst auf eine hohe Konzentration achten. Dazu zählt, den Kopf frei zu machen von ablenkenden Gedanken, bereit sein Neues zu lernen und sich innerlich darauf einstellen.
2. Der Ausbildungsbeauftragte sollte – soweit es in den betrieblichen Ablauf passt – darauf achten, dass die Rahmenbedingungen geschaffen werden (tägliche Leistungskurve) und ein entsprechendes Zeitfenster „geöffnet“ wird. Aus der durchschnittlichen täglichen Leistungskurve (Abb. 4) eines Menschen gewinnen wir wertvolle Erkenntnisse für eine optimale Wissensvermittlung bzw. Aufnahmefähigkeit unserer Auszubildenden.

⇨ Berücksichtigen sollten wir auch, dass das individuelle Leistungsvermögen eines jeden Auszubildenden aufgrund seiner täglichen Anreise, des Ausbildungsjahres und seines Alters jeweils unterschiedlich ist.

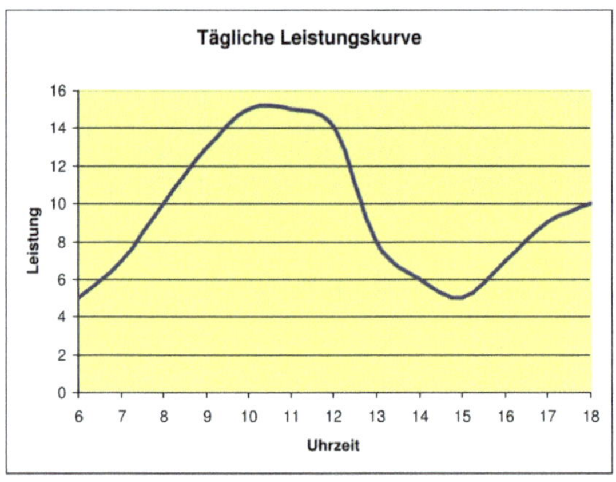

Bildquelle: Dietmar Hartmann

Nach einer 90-minütigen Lernphase sollten 15-20 Minuten Pause eingelegt werden. Wenn wir die Leistungskurve näher betrachten, sehen wir, dass die Aufnahmefähigkeit um 10:00 Uhr (Leistungshoch) am höchsten und um 15:00 Uhr (Leistungstief) am niedrigsten ist.

Grundsätzlich stehen jedem Auszubildenden alle Wahrnehmungs- und Sinneskanäle zur Aufnahme von Informationen zur Verfügung. Unsere Auszubildenden entwickeln jedoch Vorlieben und Stärken für bestimmte Wahrnehmungskanäle, so dass sich hier unterschiedliche Lerntypen herausbilden.

Je mehr unterschiedliche Wahrnehmungskanäle wir durch entsprechende Methoden ansprechen, desto mehr Lernerfolg können wir erzielen.

Unser Auszubildender (und jeder andere auch) merkt sich:

- 10% von dem, was er liest
- 20% von dem, was er hört
- 30% von dem, was er sieht
- 50% von dem, was er hört und gleichzeitig sieht
- 80% von dem, was er selbst probiert und ausführt
- 100% von dem, was er falsch gemacht hat.

Hier wurde noch einmal in einer Graphik abgebildet, wie sich unterschiedliche Wahrnehmungskanäle auf die Festigung der erworbenen Fertigkeiten und Kenntnisse auswirken.

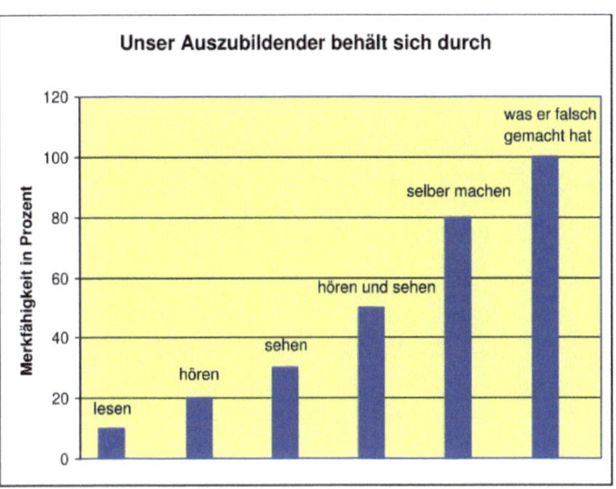

Bildquelle: Dietmar Hartmann

⇨ Die in Abbildung 5 aufgeführten Prozente sind Mittelwerte und basieren auf Erfahrungswerten aus der betrieblichen Ausbildung. Da jeder Auszubildende auch ein individueller Lerntyp ist, sollte es auch unser Anspruch sein, den richtigen Weg für den Einzelnen zu finden!

Tipp:
Lassen Sie Ihren Auszubildenden einen kurzen Text selbst lesen und fragen Sie den Inhalt danach ab. Denselben Text lassen sie ihn mitschreiben und evtl. laut mitlesen. Das hört sich vielleicht schräg an, aber testen Sie das Ergebnis selbst. Sie werden erstaunt sein!

Um unsere „Vermittlungskompetenzen" optimal einzusetzen, sollten wir uns noch das Ziel vor Augen halten.

> „Wer kein Ziel hat, kommt auch nicht an."

Hierbei sollten wir verschiedene Lernziele unterscheiden können:

Richtlernziel
Das Unterweisungsziel wird global umrissen.

Groblernziel
Die wesentlichen Schritte zur Zielerreichung werden aufgezeigt.

Feinlernziel
Detaillierte Beschreibung und Erklärung der zur Zielerreichung benötigten Schritte und die Berücksichtigung firmenspezifischer Begebenheiten.

Detaillierte Darstellung von Handlungsvorgängen

Die Feinlernziele können sich unter anderem noch gliedern in:

Kognitive Lernziele (Kopf)
Theoretische Kenntnisse/Wissen

Affektive Lernziele (Herz)
Einstellung, Emotion, Verantwortung, Mitgefühl

Psychomotorische Lernziele (Hand)
Manuelle Fertigkeiten
Praktische Anwendung der **Lernziele** am Beispiel des Bäckerhandwerks:

(In diesem Zusammenhang sei darauf hingewiesen, dass es zum besseren Verständnis sehr beispielhaft dargestellt ist!)

Richtlernziel

Nach §. 5 Abs. 13 der „Verordnung über die Berufsausbildung zum Bäcker" lautet das Richtlernziel „Herstellen eines Brots".

Kurz: „Brotbacken"

Groblernziel

„Rezepte, Werkzeuge und Zutaten anwenden"

Feinlernziel

Die Auszubildenden sollen in der Lage sein, unter Anwendung von Rezepten, Werkzeugen und Zutaten ein Brot zu backen.

Das Feinlernziel kann in unterschiedlichen Bäckereien sehr unterschiedlich definiert sein und sollte im betrieblichen Ausbildungsplan Berücksichtigung finden.

Bei der Vermittlung des Feinlernziels sollen folgende Lernbereiche angesprochen werden:

Kognitiver Bereich (Wissen)
Die Auszubildenden sollen verstehen, warum Brotbacken wichtig ist. Sie lernen, wann Rezepte, Werkzeuge und Zutaten eingesetzt werden.

Psychomotorischer Bereich (Fertigkeiten)
Die Auszubildenden sollen lernen, wie mit Werkzeugen und Zutaten ein Brot herzustellen ist.

Affektiver Bereich (Einstellungen)

Qualitätsmerkmale und eine genaue Zeiteinschätzung beim Brotbacken ist eine wichtige Voraussetzung für das Gelingen des Vorhabens. Dem Auszubildenden soll die Angst der Zeitschätzung bei komplexen Vorhaben genommen werden.

Lernzielkontrolle

Das Lernziel ist erreicht, wenn der Auszubildende in der Lage ist, selbstständig ein Brot zu backen.

Kurz: Brot schmeckt und sieht gut aus.

⇨ Bei der Vermittlung von Kompetenzen und Qualifikationen ist unter anderem die Motivation unserer Auszubildenden einer der wichtigsten Aspekte. Um die Motivation unserer Auszubildenden zu fördern, sollten unsere Unterweisungen immer den didaktischen Prinzipien folgen, um auch durch Lernerfolge die Motivation unserer Auszubildenden zu steigern. Die didaktischen Prinzipien besagen, dass Wissen wie folgt vermittelt werden sollte:

Vom Leichten zum Schweren
Vom Einfachen zum Zusammengesetzten
Vom Nahen zum Fernen
Vom Allgemeinen zum Speziellen
Vom Konkreten zum Abstrakten

5. Digitalisierung und Ausbildung

In Jahr 2018 wurden 24 Ausbildungsberufe modernisiert, um junge Menschen auf die Arbeit 4.0 (siehe auch Kapitel 15 „Begriffserklärung“, **Seite. 77**) vorzubereiten. Dies bedeutet, dass Berufe an die Digitalisierung angepasst werden müssen, darunter auch viele Handwerksberufe wie z. B. der Steinmetz.

Unsere derzeit 327 dualen Ausbildungsberufe sind entsprechend dem technischen Fortschritt und der Digitalisierung zukunftsorientiert gestaltet.

Die Neuordnungen der Ausbildungsberufe gehen stets von den Berufen selbst aus und werden gemeinsam mit Bund, Ländern und Sozialpartnern entwickelt.

Um der Digitalisierung ebenfalls gerecht zu werden, gibt es die Veränderungsverordnung, wie zum Beispiel beim Chemikanten.

Es entstehen auch ganz neue Ausbildungsberufe, die praktisch aus der Digitalisierung entstanden sind. Dazu gehört beispielsweise der Kaufmann/Kauffrau für E-Commerce.

Welche Herausforderungen kommen hier auf uns als Ausbildungsbeauftragte zu?

Natürlich sollten wir immer fachlich „up to date“ sein, auch was die digitale Veränderung unseres Berufes betrifft.

Hier muss man aufpassen, dass man nicht mit aller Gewalt im digitalen „Medienrausch“ versinkt. Primäre Aufgabe sollte es vielmehr sein, die junge Generation auf die digitalen Herausforderungen vorzubereiten.

Zu den traditionellen Aufgaben- und Verantwortungsbereichen der Ausbildungsbeauftragten gehören folgende Aspekte, die von Betrieb zu Betrieb unterschiedlich geregelt sind:

- die Vermittlung der festgelegten Ausbildungsinhalte
- die praxisbezogene Unterweisung
- die Erteilung von Arbeitsaufträgen
- die Anwendung von Arbeits- und Lernkontrollen
- die Durchsicht der Ausbildungsnachweise
- das Führen von regelmäßigen Feedbackgesprächen
- die Beurteilung und Förderung der Auszubildenden

Die Rolle der Ausbildungsbeauftragten hat sich in den letzten Jahren stark gewandelt: vom rein fachlichen Experten und Lehrer zum Berater, Coach, Mentor, Trainer, Motivator, Lernprozessbegleiter oder gar Elternersatz.

Nun steht nicht nur die Vermittlung von Fachwissen, sondern ebenso die Stärkung der persönlichen Entwicklung des Auszubildenden im Vordergrund.

Hier wurde der Begriff **„digitale soziale Kompetenz“** geprägt.

Hierzu gehören Kommunikations-, Konflikt- und Teamfähigkeit, Lern- und Medienkompetenz sowie Selbstorganisation.

Unsere Aufgabe sollte es sein, auf folgendes zu achten:

- verbale als auch nonverbale Botschaften im virtuellen Raum richtig interpretieren
- Unterscheidung von „good news“ vs. „fake news“
- kompetenter Umgang mit Medien und großen Datenmengen (big data)
- Wesentliches von Unwesentlichem trennen
- Smartphone für Ausbildungszwecke nutzen
- Informationen kritisch reflektieren
- offene Einstellung gegenüber dem lebenslangen Lernen

- offene Einstellung gegenüber e-Learning und Simulationen (z. B. virtuelles Schweißen)
- fachliche und digitale Kompetenz verknüpfen
- fachliche und digitale Kompetenz handlungs- und prozessorientiert einsetzen

Hauptsächlich sollte es uns gelingen, die junge Generation auf die kommenden (nicht nur digitalen) Anforderungen und Herausforderungen handlungs- und prozessorientiert vorzubereiten.

⇨ Als wichtiges Instrument gilt hier anleiten statt führen, im Sinne von lebenslangem Lernen und umfassender beruflicher Handlungskompetenz.

6. Lernprozessbegleitung

Das **Ziel der modernen Ausbildung** junger Menschen ist, sie bei Erwerb und Heranbildung beruflicher Handlungsfähigkeit zu unterstützen und sie zu befähigen, neuartige, unvorhersehbare Probleme selbstständig zu lösen sowie die aus dem stetigen Wandel der Arbeitswelt entstehenden Herausforderungen selbstständig zu bewältigen.

Die Ausbildung soll die Auszubildenden befähigen, konkrete Situationen bzw. Aufträge im Arbeitsalltag selbstständig zu planen, durchzuführen und zu kontrollieren (Modell der vollständigen Handlung). Dies kann nur gelingen, wenn die Auszubildenden die Möglichkeit haben, sich durch entdeckendes Lernen Wissen, Fertigkeiten und Fähigkeiten selbstständig anzueignen.

Die Rolle der Ausbilder wandelt sich vom Unterweiser zum (Lernprozess-)Begleiter.

Lernprozessbegleitung gliedert sich in sogenannte

„Phasen der Lernprozessbegleitung“

Die sechs Phasen sind nachfolgend im Einzelnen beschrieben.

Individuellen Lernbedarf feststellen:

In einem Gespräch tauschen sich der Lernende (Auszubildender) und der Lernprozessbegleiter (Ausbildungsbeauftragter) über Selbst- und Fremdbeobachtung, Anforderungen und eigene Lernziele aus. Ergebnis dieses Gesprächs ist ein gemeinsam vereinbarter Lernbedarf.

Lernwege entwickeln:

Lernwege sind reale, komplexe Aufgaben aus dem Arbeits- und Geschäftsprozess, die jene Kompetenzen fördern, die der Lernende erwerben will/soll (Handlungskompetenz).

Lernvereinbarung treffen:

Über den gewählten Lernweg treffen der Lernende und der Lernprozessbegleiter eine Lernvereinbarung, denn: „Was nützt der schönste Lernweg, wenn er nicht beschritten werden will?"

Lernaufgaben aus dem Herstell- oder Geschäftsprozess auswählen und für das Lernen aufbereiten:

Ziel ist es, dass der Lernende die ihm übertragene komplexe Aufgabe selbstständig bearbeiten kann. Der Lernprozessbegleiter bereitet diese mit dem Lernarrangement, mit Erkundungsaufgaben und Kontrollpunkten individuell auf.

Lernprozess begleiten:

Im Lernprozess ist der Lernende aktiv. Vom Lernprozessbegleiter ist hier „aktive Passivität" gefordert. Schreitet der Lernprozessbegleiter unnötig ein, verhindert er Lernchancen. Er steht aber für die Unterstützung des Lernenden zur Verfügung.

Lernprozess auswerten:

Im Auswertungsgespräch blicken der Lernende und der Lernprozessbegleiter auf den Lernprozess zurück. Hier wird das Erlebte zur Erfahrung und Neuerworbenes bewusst gemacht.

⇨ **Wichtig:**

Wir müssen uns in diesem Prozess bewusst werden, dass im Lernprozess der Lernende aktiv ist. Vom Lernprozessbegleiter ist hier Zurückhaltung gefordert.

Das bedeutet für uns als Ausbildungsbeauftragte, dass wir uns im Hintergrund halten, lediglich den Lernprozess beobachten und nur dann eingreifen, wenn es gilt, grobe Fehler zu verhindern oder dem Auszubildenden über „Lernklippen“ hinwegzuhelfen.

Schreitet der Lernprozessbegleiter (Ausbildungsbeauftragter) unnötig ein, verhindert er zum einen die Lernchancen seines Auszubildenden und steht ihm zum anderen beim Erwerb seiner beruflichen und persönlichen Handlungskompetenz im Weg.

7. Kompetenzfelder

- **Begriffserklärung Fach-, Methoden-, Sozial- und Personalkompetenz**
- **Berufliche Handlungsfähigkeit**

Unseren Auszubildenden sollten wir Fach- und Schlüsselqualifikationen an die Hand geben, um so ihre umfassende berufliche Handlungsfähigkeit zu gewährleisten. Im Einzelnen ist das in unterschiedliche Kompetenzfelder aufgeteilt, die im Anschluss näher erklärt werden.

Fachkompetenz

Solides fachtheoretisches Wissen, gute fachpraktische Fertigkeiten, fachliches Engagement und permanente fachliche Fortbildung

- Fachwissen anwenden und weiterentwickeln
- systematisch arbeiten
- System- und Prozessabläufe erkennen
- Verfahren anwenden
- Arbeitsschritte festlegen
- Hilfsmittel auswählen
- Pläne und Arbeitsanweisungen lesen können
- Prozesse und Abläufe optimieren
- Verbesserungsvorschläge
- Arbeitsergebnisse kontrollieren

Methodenkompetenz

Ausgereifte, umfassende Kenntnisse zum methodischen Vorgehen in den verschiedenen Berufssituationen

- Selbstständig planen, durchführen und Entscheidungen treffen
- Selbstständig zielorientiert arbeiten
- Arbeitsverfahren auswählen
- Komplexe Aufgabenstellungen gliedern
- Alternativen finden
- Ergebnisse und Methoden übertragen – Transferleistung
- Informationen selbstständig beschaffen, auswählen und priorisieren
- Probleme eingrenzen
- Lösungsstrategien entwickeln
- Pläne und Arbeitsanweisungen bewerten und ggf. revidieren
- Arbeitstechniken anwenden
- Zeit selbstständig einteilen
- Realisierbarkeit prüfen
- Ziele definieren
- Sorgfalt, Arbeitsgüte und Tempo
- Wichtiges von Unwichtigem trennen
- Neue Kenntnisse und Fertigkeiten selbst aneignen

Sozialkompetenz

In Teams arbeiten können/wollen; kooperatives Verhalten; geht einher mit Toleranz und Kompromissfähigkeit

- Kommunikationsfähigkeit
- Informationen austauschen/weitergeben
- Im Team zusammenarbeiten
- kooperativ arbeiten
- Toleranz – Rücksicht nehmen
- Sachlich argumentieren

- konstruktive Kritik üben
- Zuverlässigkeit
- Verantwortungsbewusstsein
- Kundenorientierung

Personalkompetenz

- Auf die Persönlichkeit bezogene Fähigkeiten, Eigeninitiative, Lernbereitschaft, Ausdauer und Einstellung zum Beruf
- Eigene Stärken und Schwächen erkennen

Selbstkritik

- Bereitschaft zur permanenten Weiterbildung
- Lebenslanges Lernen
- Bedürfnisse und Interessen formulieren und artikulieren
- Flexibel auf neue Situationen einstellen – kreativ sein
- Ausdauer und Beharrlichkeit, mit Konflikten umgehen und daraus lernen

⇨ Alle vier Kompetenzfelder ergeben die berufliche Handlungsfähigkeit!

Wir sprechen hier auch von Handlungskompetenz, die selbstständiges Planen, Handeln, Entscheiden und Kontrollieren beinhaltet!

Kreativität, Flexibilität, Engagement und Kompetenz zur Lösung von Problemen gelten als entscheidende Schlüsselqualifikationen.

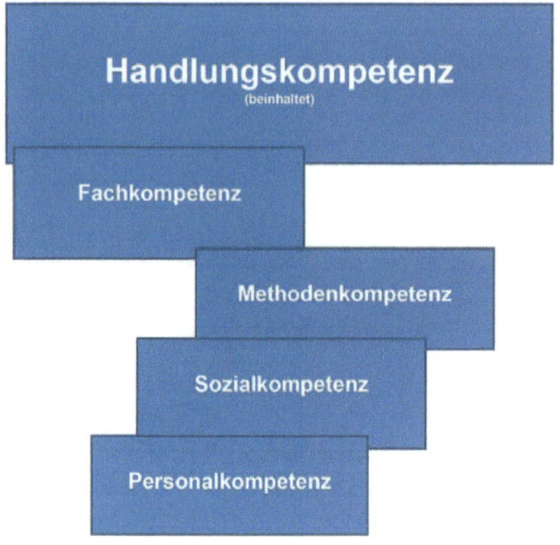

Bildquelle: Dietmar Hartmann

8. Beurteilung und Bewertung von Ausbildungsleistungen

- **Objektive Bewertung von Ausbildungsleistungen**
- **100 Punkte Bewertungs-Skala**
- **Beurteilungsfehler**

Täglich beobachten, beurteilen und bewerten wir Situationen, ob es die Auswahl der Kleidung ist, ob der Kaffee die richtige Temperatur hat oder ob die Laune der Kollegen gut ist.

Jeden Tag begegnen wir vielen Situationen, in denen wir zwar das Gleiche beobachten, aber unterschiedlich beurteilen oder gar bewerten.

Logisch, weil es auch immer stark von unserer persönlichen „Verfassung" abhängt, wie wir beobachten, beurteilen und bewerten.

Jeder hat schon eine Vielzahl solcher Erlebnisse gehabt. Für uns als Ausbildungsbeauftragte ist es deshalb von enormer Wichtigkeit, beim Beobachten, Beurteilen und Bewerten von Ausbildungsleistungen subjektive Eindrücke bzw. Empfindungen auszublenden.

Es ist deshalb jedes Mal eine neue Herausforderung so objektiv wie möglich zu beobachten und zu beurteilen, um eine Ausbildungsleistung letztendlich zu bewerten.

Die Ausbildungsbeauftragten müssen über die Leistung eines Menschen entscheiden. Jedoch sollte hier der Maßstab gelten, dass ein Auszubildender bei gleicher Leistung und gleichem Berufsbild, in Betrieb A genauso beurteilt und bewertet wird wie in Betrieb B!

⇨ Die betriebliche Beurteilung sollte immer derjenige erstellen, der den Auszubildenden die meiste Zeit betreut hat.

Um so objektiv wie möglich eine betriebliche Beurteilung zu verfassen, sollten auch mitbetreuende Kollegen um ihre Eindrücke gebeten werden.

Als Grundlage für betriebsinterne Beurteilungssysteme könnte die folgende Bewertungsskala zum Einsatz kommen:

100 Punkte Bewertungs-Skala

Punkte	**Note**	**Beschreibung**
92 – 100	Sehr gut	Eine Leistung, die in besonderem Maße den Anforderungen in allen Kompetenzebenen entspricht
81 – <92	gut	Eine Leistung, die in vollem Maße den Anforderungen entspricht – Ausbaufähig
67 – <81	befriedigend	Eine Leistung, die im Allgemeinen den Anforderungen entspricht – Schwachpunkte überprüfen
50 – <67	ausreichend	Eine Leistung mit Mängeln – Anforderungen zu mindestens 50 % erfüllt
30 – <50	mangelhaft	Eine Leistung, die den Anforderungen nicht entspricht – Grundkenntnisse erkennbar
0 – <30	ungenügend	Eine Leistung, die den Anforderungen nicht entspricht – lückenhafte Grundkenntnisse

⇨ Die 100 Punkte Bewertungs-Skala kann hilfreich bei der betrieblichen Beurteilung sein und sei hier beispielhaft erwähnt.

Der firmenspezifische Beurteilungsbogen ist aber das Maß aller Dinge.

Außerdem versteht sich der Beurteilungsbogen auch als Förderbogen.

Ebenso hilfreich ist ein Feedback-Gespräch in der Mitte der betrieblichen Ausbildungsphase, um so zeitlich zurückliegende Leistungen bei der späteren Beurteilung miteinfließen zu lassen.

Dem Auszubildenden selbst dient es als Standortbestimmung und kann so eventuell vorhandene Leistungsdefizite korrigieren.

Fordern und fördern sollte im Mittelpunkt stehen.

Beobachtungsmatrix „selbstgebastelt"

Name:
Ausbildungsjahr:
betriebliche Ausbildungsphase von: _______ bis:______

	Initiative	**Mitdenken**	**Teamfähig**	**Sicherheit**	**Transfer**	**....**	**Bemerkung**
34.KW	2	4	3	1			
35.KW							
August							
September							
Montag							
Dienstag							

⇨ **„Bastelanleitung" Beobachtungsmatrix**

Um uns für die finale Beurteilung unserer Auszubildenden von Momentaufnahmen zu lösen, könnte beispielhaft die oben aufgeführte Beobachtungsmatrix hilfreich sein.

Der Phantasie sind hier keine Grenzen gesetzt, ob man die Beobachtungszeiträume täglich, wöchentlich oder monatlich wählt.

Die gewählten Kompetenzen oder Eigenschaften sind ebenfalls frei wählbar, sollten aber an den betrieblichen Förder- und Beurteilungsbogen angelehnt sein.

Die Bewertung kann mit Schulnoten, Prozenten oder individuellen Einträgen versehen werden.

⇨ **Wichtig:**
Da Beurteilungs- und Beobachtungsbögen mitbestimmungspflichtig sind, empfehle ich Ihnen, den Betriebsrat oder/und die Jugend- und Auszubildendenvertretung mit ins Boot zu nehmen!

Beurteilungsfehler

Subjektive Eindrücke und Wahrnehmungen beeinflussen die betriebliche Beurteilung.

Vorurteile

Unsere Wertvorstellungen werden von früheren Erfahrungen mit anderen Auszubildenden beeinflusst. Da sie mehr vom Gefühl als vom Verstand geprägt sind, können sie kaum durch den Verstand gesteuert werden.

Sieht der Auszubildende z. B. „diesem Tüchtigen und Fleißigen sehr ähnlich, der im letzten Jahr in unserer Abteilung war“, dann halten Sie ihn wahrscheinlich auch für tüchtig und fleißig.

Vorurteile gibt es auch häufig durch Verallgemeinerungen: „Die Dicken sind ja so gemütlich“.

Vorauseilende „Gerüchte“ über unsere Auszubildenden können eben auch zu Vorurteilen führen, ebenso frühere Beurteilungen.

Zeitliche Ferne der zu beurteilenden Leistung

Je länger die Zeiteinheiten sind, in denen wir unseren Auszubildenden beobachten können, desto mehr Eindrücke und Informationen können wir sammeln und letztendlich auswerten. Dadurch wird unser „Urteil“ unabhängiger von zufälligen Einzelsituationen, von der augenblicklichen Stimmung und den Höchstleistungen bzw. Krisensituationen des Auszubildenden!

Selektive Wahrnehmung

Wir sehen vor allem das, was wir sehen wollen, übersehen also unbewusst, was nicht unseren Erwartungen entspricht. Ein Ausbildungsbeauftragter achtet z. B. mehr auf die Menge, ein anderer auf die Güte der Arbeit; einer sieht die Sauberkeit, ein anderer die Pünktlichkeit!

Letzter Eindruck

Die zeitlich zuletzt anfallenden Informationen gehen in die abschließende Beurteilung meistens mit größerem Gewicht ein, weil die früheren leicht vergessen werden!

Tendenz zur Mitte

Manche Beurteiler neigen dazu, keine sehr gute bzw. keine sehr schlechte Beurteilung zu erstellen! Hier besteht die Gefahr, erbrachte Leistungen nicht objektiv zu beurteilen und zu bewerten, sondern die Leistungen zu mitteln.

1. Ausbildungsjahr?

Unser Auszubildender muss seiner Ausbildungszeit entsprechend beurteilt werden.

⇨ Die oben genannten Beurteilungsfehler sind nur einige, die die betriebliche Beurteilung unserer Auszubildenden verzerren können.

Als Ausbildungsbeauftragter sollten wir auch ein hohes Maß an selbstkritischem Überdenken unseres eigenen Handelns an den Tag legen.

Wenn wir alle diese Dinge beherzigen, sind wir in der Lage, unseren Auszubildenden eine objektive Beurteilung und Förderung mit auf den Weg zu geben!

Wir sollten unsere Auszubildenden Fordern und Fördern.

9. Konfliktmanagement

- **Umgang mit „schwierigen“ Auszubildenden**
- **Konfliktarten und Konfliktlösungen**

Konflikte begleiten uns ein ganzes Leben und sind manchmal auch nicht zu vermeiden. Die Kunst ist es, Konflikte zu erkennen, diese zu lösen und letztendlich gestärkt aus einer Konfliktsituation hervorzugehen. Zur Konfliktlösung gehört ebenfalls ein hohes Maß an selbstkritischem Hinterfragen der eigenen Position!

Das Thema „Konfliktmanagement“ ist sehr umfangreich und kann im Folgenden nur beispielhaft für unsere Arbeit als Ausbildungsbeauftragte behandelt werden!

Konfliktarten können sein

- über längeren Zeitraum nicht aufnahmefähig
- klare Anweisungen wurden nicht befolgt
- mangelnde Motivation
- ein lückenhafter oder fehlender Ausbildungsnachweis
- gehäufte Kurzfehlzeiten
- übertriebene Nutzung von Mobiltelefonen
- Alkohol-, Drogen- oder Spielsucht-Verdacht

⇨ **Vorsicht:**
Bei einem Alkohol-, Drogen- oder Spielsucht-Verdacht ist allerhöchste Diskretion geboten.

Hier sollte man über einen längeren Zeitraum diesen „Verdacht“ beobachten.

Bei einer akuten Wahrnehmung müssen wir sofort reagieren, um hier der Arbeitssicherheit gerecht zu werden.

Sollte sich der Verdacht verdichten, können wir das Problem **auf keinen Fall selber lösen**. Ausbildungsabteilung oder Betriebsarzt informieren!

Wir sollten Auffälligkeiten erkennen und aktiv damit umgehen, wir sind aber **keine Therapeuten**.

Konfliktlösungen

⇨ **Konflikte kann man nur gemeinsam lösen.**

Hier unterscheiden wir zwischen
1. Schlichter (Schiedsrichter)?
2. Teil der Konfliktpartei?

Bildquelle: privat

⇨ **Wichtige Aufgabe:**
Holen Sie die Konfliktparteien an einen Tisch, führen Sie gemeinsam ein Konfliktgespräch.

Allgemein gültig:

- Konflikte frühzeitig ansprechen
- sich Zeit nehmen
- ungestörten Ort/Raum auswählen
- Probleme klar und deutlich ansprechen
- Ursachen erfragen
- vorher Notizen machen
- Lösungen aufzeigen
- Kompromisse erarbeiten
- sachlich bleiben

⇨ **Sicherheitsfragen sofort ansprechen (Klartext reden)**

Sind Sie Schlichter (Schiedsrichter)?

- Beide Seiten anhören und ausreden lassen
- Sachlichkeit herstellen
- Emotionen zulassen
- Lösungsvorschläge einfordern
- was erwarte ich von der anderen Seite?
- Kompromisse zulassen

⇨ **Es geht im Konfliktgespräch nicht darum, wer Recht hat.**

Wenn Sie einen Konflikt zwischen Mitgliedern Ihres Teams zu schlichten haben, sollten Sie sich nicht in der fruchtlosen Suche nach der Schuld verlieren.

Sie sind schließlich kein Richter, der eine gerechte Strafe zu erteilen hat.

Sie sind ein Ausbildungsbeauftragter, der möglichst schnell für eine reibungslose Weiterarbeit sorgen will.

Sind Sie Teil einer Konfliktpartei?

- Sachlich und faktisch argumentieren
- Emotionen „kontrolliert“ herauslassen
- Lösungsvorschläge einfordern
- Kompromisse einfordern
- Kompromisse eingehen

Lösungsansätze:

Auge um Auge

⇨ Ist keine Lösung – Auge um Auge macht blind

win-win

Beide zufrieden – Konflikte können uns weiterbringen
Eigenen Standpunkt evtl. überdenken – Selbstkritik

⇨ Konfliktlösung kann auch bedeuten:

- Konsequenzen aufzeigen
- Lösungsvorschläge einfordern
- Ausbilder einschalten
- Betriebsrat einschalten
- Eltern einschalten
- Auszubildenden „weitergeben“ – Nerven schonen!
- Wir sind keine Therapeuten!

10. Wie „tickt" mein Auszubildender?

Seit 1953 gibt es die Shell Jugendstudie. Sie befragt junge Menschen in Deutschland, wie sie ihr Leben und die damit verbundenen Herausforderungen meistern und welche Verhaltensweisen, Einstellungen und Mentalitäten sie dabei bilden.

Die neue Shell Jugendstudie reiht sich in diese Tradition ein und untersucht politische und soziale Bedingungen, unter denen Jugendliche aufwachsen. Sie untersucht, wie sie mit diesen Bedingungen umgehen, wie sie sich eine Persönlichkeit erarbeiten, wie sie sich auf die Berufswelt vorbereiten und sich zugleich auf die Gesellschaft beziehen und diese gestalten.

Im Herbst 2019 erscheint die nächste Shell Jugendstudie unter dem Titel

„Jugend 2019 – 18. Shell Jugendstudie"

Aus diesem Grund verweisen wir auf die aktuelle Studie.

Haben Sie sich nicht schon einmal diese Frage gestellt?

Nach dem Motto „Früher …"

Klar hat sich die Welt verändert, aber was hat sich bei unseren jungen Leuten verändert?

Auszug aus der 17. Shell Jugendstudie

> „Veränderte Wertvorstellungen und Konsumverhalten, veränderte Umgangsformen, veränderte Sprache, ausgeprägter „eigener Wille", höherer Leistungsdruck (die beruflichen Anforderungen werden immer höher) und Informationsflut prägen unser Umfeld und natürlich das unserer Jugendlichen sprich Auszubildenden.

Weiterhin beobachten wir vermehrt soziale Auffälligkeiten. Ständige Erreichbarkeit über Mobiltelefon, Internet und sogenannte soziale Netzwerke (siehe auch Facebook und Co.) spielen ebenfalls eine große Rolle im Leben unserer Auszubildenden. Wie gehen wir als Ausbildungsbeauftragte mit diesen Veränderungen um? Es gibt keine Pauschallösung, was wir aber tun können, ist im Folgenden beschrieben.“

Bildquelle: Dietmar Hartmann

⇨ Unseren Auszubildenden Vertrauen entgegenzubringen sollte die Basis sein. Wenn wir ihnen vertrauen, erreichen wir sie auch!

Eine positive Einstellung zum Zeitgeist unserer Auszubildenden.

Wenn wir ihre Sprache sprechen, hören sie uns!
Wenn wir ihre Sprache sprechen, verstehen wir sie!

Man sollte allerdings nicht krampfhaft versuchen, sich den Jugendlichen in Sprache und Betragen anzupassen, das kann schnell ins Lächerliche übergehen.
Erkennen und verstehen von entwicklungsbedingten Problemen.
Frage: Wenn sie erwachsen aussehen, sind sie auch erwachsen?

⇨ Wir sollten (ja wir müssen sogar) Vorbild sein, das selbstständige (siehe Handlungskompetenzen) Arbeiten fördern und sie motivieren, indem wir ihnen Verantwortung übertragen.

Wie gesagt, eine Pauschallösung gibt es nicht, aber wenn wir unseren „gesunden Menschenverstand" gebrauchen und unter Beachtung der Persönlichkeit unserer Auszubildenden das individuelle Leistungspotenzial abrufen können, sind wir auf dem richtigen Weg.

Auszug aus der 17. Shell Jugend Studie

> „Die junge Generation in Deutschland zeichnet sich auch weiterhin durch ihre pragmatische Haltung gegenüber den Herausforderungen aus, die Alltag, Beruf und Gesellschaft mit sich bringen. Hierzu gehört sowohl die Bereitschaft, sich an Leistungsnormen zu orientieren, als auch der Wunsch nach stabilen sozialen Beziehungen im persönlichen Nahbereich. Im Vordergrund steht die individuelle Suche nach einem gesicherten und eigenständigen Platz in der Gesellschaft. Die Jugendlichen versuchen sich den Gegebenheiten so anzupassen, dass sie Chancen, die sich auftun, ergreifen können. Prägend sind das Bedürfnis nach Sicherheit sowie der Wunsch nach positiven sozialen Beziehungen, was ebenfalls die Bereitschaft einschließt, sich im persönlichen Umfeld für die Belange von anderen oder für das Gemeinwesen zu engagieren.

> Auffällig ist der große Optimismus, den die Jugendlichen trotz des durchaus schwierigen weltweiten Umfeldes aufrechterhalten und der sogar noch zugenommen hat. Trotz anhaltender Krisen in Europa sowie einer zunehmend unsicher gewordenen Lage in Teilen der Welt mit Terror und steigenden Flüchtlingsströmen haben sich die Jugendlichen in Deutschland nicht von ihrer mehrheitlich positiven persönlichen Grundhaltung abbringen lassen. Dazu trägt auch die im Vergleich zu vielen Ländern der Welt stabile Lage in Deutschland bei."

Eine Zusammenfassung der Studie finden Sie unter:
www.ljbw.de/files/shell-jugendstudie-2015-zusammenfassung-de.pdf

Die aktuelle Studie „Jugend 2015 – 17. Shell Jugendstudie" ist über den Buchhandel zu beziehen (ISBN 978-3-596-03401-7), hat 447 Seiten und kostet 19,99 Euro.

11. Facebook und Co. (Informationen über soziale Netzwerke)

Unsere Auszubildenden sprechen ständig über Posts, Tweets, Apps und Blogs – aber wir verstehen nur „Bahnhof“? Sie nutzen fast ununterbrochen soziale Netzwerke und wir reagieren oft mit Unverständnis und Verwunderung. In diesem Kapitel wollen wir versuchen ein wenig Licht ins Dunkel zu bringen, um mehr Verständnis der jungen Generation entgegen zu bringen.

Wir brauchen hier und nicht nur in diesem Zusammenhang „Generationenkompetenz“.

⇨ Generationenkompetenz ist keine Einbahnstraße

Bildquelle: Pexels.com

Das bekannteste und größte soziale Netzwerk ist wohl Facebook mit insgesamt 32 Mio. aktiven Mitgliedern in Deutschland. Twitter verzeichnet 2,5 Millionen wöchentlich und 0,6 Millionen täglich. Instagram hat 10 Millionen aktive Nutzer wöchentlich und 6 Millionen aktive Nutzer täglich. Pinterest dagegen 5 Millionen Nutzer (Richtigerweise User).

Da es mehrere hundert verschiedene soziale Netzwerke in Deutschland und mehrere tausend weltweit gibt, würde es an dieser Stelle den Rahmen sprengen.

Aber was steckt hinter den verschiedenen Netzwerken oder wie sieht ihre Nutzung aus?

Facebook

Facebook wird zur Darstellung von privaten Profilen genutzt. Hauptsächlich zur Darstellung der eigenen Person. Viele Unternehmen und Institutionen nutzen Facebook als geschäftliche Präsenz. Gruppendiskussionen zu gemeinsamen Interessen sind ebenfalls möglich. Die Profile können durch Freundschaftsanfragen untereinander vernetzt werden.

Eine große Anzahl von Abonnenten (analog den Followern auf Twitter) ist möglich. Die Anzahl ist auf 5000 „Freunde" beschränkt.

Whats App

Mit WhatsApp können Textnachrichten, Bild-, Video- und Ton-Dateien sowie Standortinformationen, Dokumente und Kontaktdaten zwischen zwei Personen oder in Gruppen ausgetauscht werden. Im Januar 2018 hatte Whats App weltweit 1,3 Milliarden Nutzer.

Twitter

Mit Twitter können angemeldete Nutzer telegrammartige Kurznachrichten verbreiten. Die Nachrichten werden „Tweets" („zwitschern") genannt.

Pinterest

Pinterest ist ein soziales Netzwerk und eine visuelle Suchmaschine, mit der Nutzer Ideen für ihr Leben entdecken und sie sich auf virtuellen Pinnwänden merken können. Andere Nutzer können diese Bilder ebenfalls teilen (repinnen) und ihre Erfahrungen kommentieren.

Instagram

Instagram ist ein werbefinanzierter Onlinedienst zum Teilen von Fotos und Videos, der zu Facebook gehört. Instagram ist eine Mischung aus Microblog und audiovisueller Plattform.

Hier die wichtigsten Begriffe rund um die sozialen Netzwerke!

Adden

Der Begriff kommt aus dem englischen, add = hinzufügen. Einen neuen Kontakt in einem sozialen Netzwerk hinzufügen.

Anstupsen

Im übertragenen Sinne „anstupsen" bei Facebook (Tatsächlich ein Schaltfläche). „Hallo, nehme Kontakt mit mir auf!"

App

Kurzform für „**App**lication" = Anwendung. Als App wird eine Anwendung bzw. ein Programm bezeichnet, das man auf sein Smartphone runterladen kann. (Siehe auch Anhang Seite. 99).

Blog

Dies ist eine Art Online-Tagebuch.

Bookmarking

Bookmarking = Lesezeichen. Internet- bzw. elektronisches Lesezeichen.

Community

Community = Gemeinde. Als Community wird eine Gemeinde von Nutzern (Usern) unterschiedlicher sozialer Netzwerke bezeichnet.

Dissen

Hauptsächlich von Jugendlichen verwendet, bedeutet jemanden schlechtmachen, jemanden schräg anmachen, respektlos behandeln oder jemanden schmähen. Seit 2000 ist das Wort im Rechtschreibduden vermerkt.

Follower

Follower = Folger oder Verfolger. Sind Leute, die Einträgen auf Twitter folgen.

Geo-Tagging

Tag (engl.) = Anhänger oder Schildchen. Hier werden Videos, Fotos oder Einträge mit dem jeweiligen Standort versehen (getagt). Dies passiert oft automatisch!

Microblogging

Microblogging = Minieintrag oder Minibeitrag. Ein- oder Beiträge auf Internetplattformen oder in sozialen Netzwerken, die nur wenige Zeichen umfassen sollten. Twitter ist das bekannteste Beispiel. Hier dürfen Beiträge nur max. 140 Zeichen lang sein.

Podcast

Podcasts sind Mediendateien (hörbare oder/und sehbare) im Internet. Podcast ist ein Kunstwort und setzt sich zusammen aus iPod (tragbarer MP3-Player) und Broadcast(Rundfunk).

Post

Als Post oder abgeleitet Posts oder Postings werden Bei- oder Einträge auf verschiedenen Internetplattformen bezeichnet.

Social Media

Social Media = Soziales Medium / soziale Medien (Netzwerk). Die bekanntesten sind wohl Facebook, Twitter, YouTube und Co. Soziale Medien werden von ca. 3 Milliarden Menschen weltweit genutzt.

Twittern

Twitter (engl.) = Gezwitscher (von Vogelgezwitscher abgeleitet). Bedeutet, ich „zwitschere" auf Microbloggingdiensten (siehe auch Microblogging) z. B. Twitter Beiträge

Tweet

Als „Tweet" wird der Ein- oder Beitrag in einem Microblogging-Dienst (siehe auch Twittern) bezeichnet. Hier gibt es keine genaue Übersetzung.

User Generated Content

User Generated Content = Nutzer Generierter (Erstellter) Inhalt! So werden selbst erstellte Inhalte in Internetforen, sozialen Netzwerken usw. bezeichnet.

Vodcast

Als Vodcast bezeichnet man einen Podcast, der aus Videomaterial besteht. Alternative Begriffe sind Videocast oder Video-Podcast.

Quelle: www.planet-beruf.de und www.staistika.com

12. Was erwarte ich von meinen Auszubildenden – was erwarten sie von mir?

Unterschiedliche Sichtweisen und Erwartungen

Unabhängig voneinander habe ich einige Ausbildungsbeauftragte aus unterschiedlichen Berufen, Fachbereichen und unterschiedlichen Unternehmen gebeten, mir ihre Erwartungen, die sie an ihre Auszubildenden haben, mitzuteilen. Ebenso wurden die jeweiligen Auszubildenden gebeten, ihre Erwartungen an ihre Ausbildungsbetreuer zu äußern.

Diese wurden 1:1 in diesen Leitfaden für Ausbildungsbeauftragte in der beruflichen Praxis übernommen und auf freiwilliger Basis durchgeführt!

Abb. 10 Bildquelle: Dietmar Hartmann

Da die meisten Aussagen schon eine Weile zurückliegen und in den vorangegangenen Auflagen teilweise Berücksichtigung fanden, ist es für mich als Autor enorm wichtig, hier an dieser Stelle weitere Statements zu veröffentlichen.

Haben Sie weitere Statements bzw. Erfahrungen, so lassen Sie es mich wissen und kontaktieren Sie mich unter dietmarhartmann@hotmail.com.

Ihre Aussagen finden in der 5. Auflage Berücksichtigung und werden (mit Ihrer Einverständniserklärung und der Ihres Auszubildenden) veröffentlicht.

Interesse an dem Beruf bzw. Arbeitsbereich zeigen
Zuverlässigkeit: Wenn Aufgaben übertragen werden, dass diese ordentlich, *korrekt* und zeitnah ausgeführt werden.
Vertrauen: Dass Aufgabenstellungen richtig ausgeführt werden.
Ehrlichkeit: Bei Unkenntnis oder Unsicherheiten bei Durchführung der übertragenen Aufgaben lieber mehrmals *nachfragen,* als diese falsch erledigen und dies verheimlichen!
Selbstständiges Erkennen von allgemeinen Aufgaben.
Stichwort: allgemeine Labortätigkeiten

Barbara Barucha
Chemielaborantin
Ausbildungsbeauftragte
sanofi Deutschland GmbH

Meine Erwartungen an einen Ausbildungsbeauftragten beginnen schon damit, dass er mich beschäftigt, in Form von Aufgaben oder Aufträgen. Andernfalls entsteht ein falsches Bild des Azubis, was sich spätestens in der Beurteilung widerspiegelt. Des Weiteren würde ich mir auch gerne *theoretisches Wissen* aneignen, was der Ausbildungsbeauftragte mir *vermitteln* sollte. Natürlich mit Bezug auf die Tätigkeiten die man selber erledigt. Ein wichtiger Punkt ist auch der soziale Umgang mit dem Azubi. Der Ausbildungsbeauftragte sollte dem Azubi *freundlich* gegenüber treten und nicht genervt oder gar wütend. Wenn dies der Fall ist und er keine Lust auf den Azubi hat, wäre es besser, wenn er den Azubi wieder abgibt. Niemandem ist damit gedient, dass der Azubi entnervt nach Hause geht und nicht mehr in den Betrieb will.

Mein abschließendes Fazit wäre:

Desto freundlicher die Ausbilder den Azubis gegenüber treten desto größer ist die *Arbeitsmoral* und die *Lernbereitschaft* und natürlich auch das Arbeitsklima.

Ole Reitz
Chemielaborant
2. Ausbildungsjahr
Provadis

Der Auszubildende sollte beim Erlernen von neuen Tätigkeiten *aufmerksam* zuhören/zuschauen und sofort bei Unklarheiten *nachfragen*. Die übertragenen Arbeiten müssen sorgfältig abgearbeitet werden – falls Unsicherheiten auftauchen, gerne einmal mehr *nachfragen* als einmal zu wenig gefragt. Nach entsprechender Einarbeitung *selbstständig* Aufgaben übernehmen und einen „Blick" für anfallende Arbeit bekommen. Eigene Ideen und evtl. Änderungen in den Arbeitsabläufen mit einbringen, so bekommt auch der Ausbilder ein Feedback. Bei Unstimmigkeiten innerhalb der Gruppe (mit Kollegen, anderen Auszubildenden, Ausbilder) das Problem sofort ansprechen.

Claudia Zierer
Industriekauffrau
Ausbildungsbeauftragte
Sappi Stockstadt GmbH

Einem guten Ausbilder sollte bewusst sein, dass die meisten Auszubildenden anfangs sehr unsicher sind und daher sehr viele Fragen anfallen. Er sollte sich ab und zu etwas *Zeit nehmen,* um dem Lehrling alle offenen Fragen in Ruhe beantworten zu können. Für mich muss man einem Ausbilder direkt anmerken, dass er der Chef ist. Er sollte *Autorität* vermitteln, aber trotzdem immer *freundlich* sein. Auf das richtige Verhältnis kommt es an. Des Weiteren wäre es wichtig, dass der Ausbilder nicht nur selbst *motiviert* ist, sondern die Mitarbeiter auch mit seinem *Engagement* anstecken kann. Letztlich sollte sich ein Ausbilder auch an Ausflügen oder Festen der Azubis beteiligen. Er darf sich dafür nicht zu schade sein. Dadurch kann er die Azubis besser kennenlernen und noch viel wichtiger, die Azubis den Ausbilder.

Florian Beck
Industriekaufmann
3. Ausbildungsjahr
Sappi Stockstadt GmbH

Meine Erwartungen an meine Auszubildende sind, dass sie *aufmerksam,* offen, ehrlich, *interessiert,* höflich und *freundlich, motiviert* und aufgeschlossen ist. Das ist ganz schön viel, aber ich werde es erklären…

Am Anfang ihrer Ausbildung wird sie als Schülerin vom Berufsleben „erschlagen“ werden, immer *aufmerksam, motiviert und interessiert* zu sein, ist schwer, deshalb wird das Lerntempo individuell an sie angepasst, sie wird dadurch *offen* sein für neue Bereiche, Themen, Aufgaben und ihre Lernbereitschaft wird gefördert.

Ich erwarte *Ehrlichkeit,* auch *Kritik (positiv oder negativ)* aber sie soll mitteilen, was unklar ist, wo es Probleme und Schwierigkeiten gibt. Ich wünsche mir ein Interesse nicht nur an spannenden Aufgabenstellungen, Projekten oder Themen, sondern auch die weniger interessanten gehören dazu. Von daher auch ihre *Aufgeschlossenheit* den Kollegen, Auszubildenden und Vorgesetzten gegenüber.

Eigene *Motivation* muss sie mitbringen, ich als Ausbilder kann sie motivieren, denn das Ziel ihrer Ausbildung ist, dass sie am Ende richtig und *selbstständig* ihren erlernten Beruf ausüben kann und sich an eine positive Ausbildung zurück erinnern kann, denn sie kann nur so gut sein, wie ich es ihr gelehrt habe.

Mira Gottschalk
Bereichsleitersekretärin
Ausbilderin
Vodafone D2 GmbH

Jeder Azubi hat große Erwartungen an seinen Ausbildungsbeauftragten, denn immerhin begleitet er ihn bis zum Ende seiner Ausbildung und bereitet ihn auf das kommende Berufsleben vor.

Ich erwarte besonders, dass meine Ausbildungsbeauftragte mir *kompetente Hilfe* leistet, sobald Fragen anstehen.

Ein Ausbildungsbeauftragter sollte sich mit seinem Auszubildenden zusammensetzen, falls offene Fragen oder Aufgaben vorhanden sind.

Es wäre für den Auszubildenden natürlich noch schöner, wenn sich der Ausbildungsbeauftragte mit dem Auszubildenden zusammen setzt und die Aufgabe zusammen erledigt, denn so kann der Auszubildende auch direkt sehen wie diese *Aufgabe zu lösen* ist und kann diese dann beim nächsten mal *selbstständig* erledigen.

Ein Auszubildender fühlt sich nach so einem Vorgang dadurch auch sicherer, wenn er weiß, dass ihm *geholfen* wird, sobald er etwas nicht direkt von Anfang an versteht, ohne Ärger zu kriegen.

Ebenso sicherer fühlen Auszubildende sich, wenn sie mitgeteilt bekommen, wenn sie eine Aufgabe oder ein Projekt mit Bravur erledigt haben, denn so wissen sie, sie haben eine Aufgabe *gut gelöst* und der Ausbildungsbeauftragte ist zufrieden.

Mein Fazit: Ein Ausbildungsbeauftragter und der Auszubildende sollten ein gutes Arbeitsklima haben, denn dies ist sehr wichtig, dass die Auszubildenden wissen, dass sie keine Last sind. Denn aller Anfang ist schwer.

Alessa Küper
Kauffrau für Bürokommunikation
3. Ausbildungsjahr
Vodafon D2 GmbH

13. Interkulturelle Kompetenz

Immer mehr Jugendliche mit Migrationshintergrund nutzen das duale Ausbildungssystem. Laut Berufsbildungsbericht haben 26 % der Ausbildungsanfänger einen Migrationshintergrund. Als Ausbildungsbeauftragte sollten wir folgende Hintergründe erkennen können:

- Religiöse Unterschiede
- Selbstwertgefühl
- Motivation
- Werte
- Rollenverteilung
- Sprachdefizit

Diese Problemfelder gilt es zu erkennen, um ggf. mit der Ausbildungsabteilung Förder- und Unterstützungsmöglichkeiten auszuloten (siehe auch Anhang **Seite. 93**).

Ein wichtiger Aspekt für den Ausbildungsbeauftragten ist die Forderung und Förderung der **interkulturellen Kompetenz**.

Was ist das?

> „*Interkulturelle Kompetenz ist die Fähigkeit, mit Individuen und Gruppen anderer Kulturen erfolgreich und angemessen zu interagieren, im engeren Sinne die Fähigkeit zum beidseitig zufriedenstellenden Umgang mit Menschen unterschiedlicher kultureller Orientierung.*“
>
> Quelle: www.interkuturelle-kompetenz.net

Wichtige Voraussetzungen sind:

- Toleranz
- Respekt
- Integrationsbereitschaft
- Interesse und Neugierde

Dies ist keine Einbahnstraße und sollte von beiden Seiten gelebt und beachtet werden.

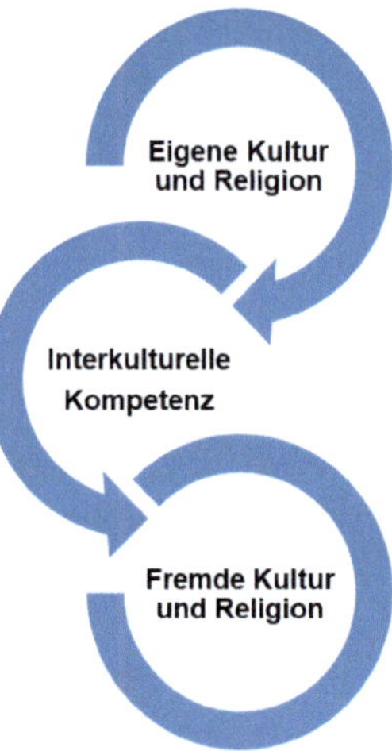

Abb. 11 Bildquelle: Dietmar Hartmann

14. Jugendarbeitsschutzgesetz

Auszüge aus dem Jugendarbeitsschutzgesetz

Abb. 12 Bildquelle: Dietmar Hartmann

Auszüge JArbSchG

§ 2 Kind, Jugendlicher

Kind im Sinne dieses Gesetzes ist, wer noch nicht 15 Jahre alt ist.

(2) Jugendlicher im Sinne dieses Gesetzes ist, wer 15, aber noch nicht 18 Jahre alt ist.

§ 4 Arbeitszeit

(1) Tägliche Arbeitszeit ist die Zeit vom Beginn bis zum Ende der täglichen Beschäftigung ohne die Ruhepausen (§. 11).

(2) Schichtzeit ist die tägliche Arbeitszeit unter Hinzurechnung der Ruhepausen (§. 11).

(3) Im Bergbau unter Tage gilt die Schichtzeit als Arbeitszeit. Sie wird gerechnet vom Betreten des Förderkorbs bei der Einfahrt bis zum Verlassen des Förderkorbs bei der Ausfahrt oder vom Eintritt des einzelnen Beschäftigten in das Stollenmundloch bis zu seinem Austritt.

(4) Für die Berechnung der wöchentlichen Arbeitszeit ist als Woche die Zeit von Montag bis einschließlich Sonntag zugrunde zu legen. Die Arbeitszeit, die an einem Werktag infolge eines gesetzlichen Feiertags ausfällt, wird auf die wöchentliche Arbeitszeit angerechnet.

§ 8 Dauer der Arbeitszeit

(1) Jugendliche dürfen nicht mehr als acht Stunden täglich und nicht mehr als 40 Stunden wöchentlich beschäftigt werden.

(2) Wenn in Verbindung mit Feiertagen an Werktagen nicht gearbeitet wird, damit die Beschäftigten eine längere zusammenhängende Freizeit haben, so darf die ausfallende Arbeitszeit auf die Werktage von fünf zusammenhängenden, die Ausfalltage einschließenden Wochen nur dergestalt verteilt werden, dass die Wochenarbeitszeit im Durchschnitt dieser fünf Wochen 40 Stunden nicht überschreitet. Die tägliche Arbeitszeit darf hierbei achteinhalb Stunden nicht überschreiten.

(2a) Wenn an einzelnen Werktagen die Arbeitszeit auf weniger als acht Stunden verkürzt ist, können Jugendliche an den übrigen Werktagen derselben Woche achteinhalb Stunden beschäftigt werden.

§9 Berufsschule

(1) Der Arbeitgeber hat den Jugendlichen für die Teilnahme am Berufsschulunterricht frei zustellen. Er darf den Jugendlichen nicht beschäftigen:

1. vor einem vor 9 Uhr beginnenden Unterricht; dies gilt auch für Personen, die über 18 Jahre alt und noch berufsschulpflichtig sind,
2. an einem Berufsschultag mit mehr als fünf Unterrichtsstunden von mindestens je 45 Minuten, einmal in der Woche,
3. in Berufsschulwochen mit einem planmäßigen Blockunterricht von mindestens 25 Stunden an mindestens fünf Tagen; zusätzliche betriebliche Ausbildungsveranstaltungen bis zu zwei Stunden wöchentlich sind zulässig.

§ 11 Ruhepausen, Aufenthaltsräume

(1) Jugendlichen müssen im Voraus feststehende Ruhepausen von angemessener Dauer gewährt werden. Die Ruhepausen müssen mindestens betragen:

1. 30 Minuten bei einer Arbeitszeit von mehr als viereinhalb bis zu sechs Stunden,
2. 60 Minuten bei einer Arbeitszeit von mehr als sechs Stunden.

Als Ruhepause gilt nur eine Arbeitsunterbrechung von mindestens 15 Minuten.

(2) Die Ruhepausen müssen in angemessener zeitlicher Lage gewährt werden, frühestens eine Stunde nach Beginn und spätestens eine Stunde vor Ende der Arbeitszeit. Länger als viereinhalb Stunden hintereinander dürfen Jugendliche nicht ohne Ruhepause beschäftigt werden.

(3) Der Aufenthalt während der Ruhepausen in Arbeitsräumen darf den Jugendlichen nur gestattet werden, wenn die Arbeit in diesen Räumen während dieser Zeit eingestellt ist und auch sonst die notwendige Erholung nicht beeinträchtigt wird.

(4) Absatz 3 gilt nicht für den Bergbau unter Tage.

§ 22 Gefährliche Arbeiten

(1) Jugendliche dürfen nicht beschäftigt werden

1. mit Arbeiten, die ihre physische oder psychische Leistungsfähigkeit übersteigen,
2. mit Arbeiten, bei denen sie sittlichen Gefahren ausgesetzt sind,
3. mit Arbeiten, die mit Unfallgefahren verbunden sind, von denen anzunehmen ist, dass Jugendliche sie wegen mangelnden Sicherheitsbewusstseins oder mangelnder Erfahrung nicht erkennen oder nicht abwenden können,
4. mit Arbeiten, bei denen ihre Gesundheit durch außergewöhnliche Hitze oder Kälte oder starke Nässe gefährdet wird,
5. mit Arbeiten, bei denen sie schädlichen Einwirkungen von Lärm, Erschütterungen oder Strahlen ausgesetzt sind,

6. mit Arbeiten, bei denen sie schädlichen Einwirkungen von Gefahrstoffen im Sinne des Chemikaliengesetzes
ausgesetzt sind,
7. mit Arbeiten, bei denen sie schädlichen Einwirkungen von biologischen Arbeitsstoffen im Sinne der Richtlinie 90/679/EWG des Rates vom 26. November 1990 zum Schutze der Arbeitnehmer gegen Gefährdung durch biologische Arbeitsstoffe bei der Arbeit ausgesetzt sind.

§ 31 Züchtigungsverbot,
Verbot der Abgabe von Alkohol und Tabak

(1) Wer Jugendliche beschäftigt oder im Rahmen eines Rechtsverhältnisses im Sinne des §. 1 beaufsichtigt, anweist oder ausbildet, darf sie nicht körperlich züchtigen.
(2) Wer Jugendliche beschäftigt, muss sie vor körperlicher Züchtigung und Misshandlung und vor sittlicher Gefährdung durch andere bei ihm Beschäftigte und durch Mitglieder seines Haushalts an der Arbeitsstätte und in seinem Haus schützen. Er darf Jugendlichen unter 16 Jahren keine alkoholischen Getränke und Tabakwaren, Jugendlichen über 16 Jahre keinen Branntwein geben.

Quelle: www.gesetze.de

15. Begriffserklärung

Zusammenfassende Begriffserklärung – Kurzform

AEVO

Die **A**usbilder**E**ignungs**V**er**O**rdnung regelt die Weiterbildung zur Ausbildereignungsprüfung.

Affektiv

Emotion, Mitgefühl, Einstellung (Herz)

Arbeit 4.0

Arbeit 4.0 befasst sich mit der Zukunft der Arbeit im digitalen Zeitalter. Hintergrund sind vor allem die Probleme (aber auch Chancen), die eine fortschreitende Technisierung und Digitalisierung des Arbeitsmarkts und der generellen Strukturen von Unternehmen bewirken. Arbeit 4.0 meint auch: Arbeit braucht Freiraum und basiert auf Freiwilligkeit. Der Begriff „Führung" wird durch „Anleiten" ersetzt. Arbeit 4.0 bedeutet aber auch, dass Arbeit künftig dynamischer, kurzzyklischer und digital unterstützt wird.

Ausbildungsordnung

Die Ausbildungsordnung hat mindestens festzulegen bzw. beinhaltet:

- Bezeichnung des Ausbildungsberufs
- Ausbildungsdauer
- Fertigkeiten und Kenntnisse, die Gegenstand der Berufsausbildung sind (Ausbildungsberufsbild)
- Ausbildungsrahmenplan als Anleitung zur sachlichen und zeitlichen Gliederung der Ausbildung
- Die Prüfungsanforderungen

Ausbildungsnachweis

Der Ausbildungsnachweis dient als Beleg darüber, ob der Ausbildungsbetrieb den Ausbildungsrahmenplan eingehalten hat. Der Auszubildende muss die Gelegenheit haben, diesen während der Arbeitszeit zu schreiben.

– Nur ein vollständig geführter Ausbildungsnachweis gilt als Zulassungsvoraussetzung zur Abschlussprüfung –

Ausbildungsrahmenplan

Der Ausbildungsrahmenplan ist eine Anleitung zur sachlichen und zeitlichen Gliederung der Fertigkeiten und Kenntnisse des Auszubildenden in der jeweiligen Berufsausbildung.

Ausbildereignungsprüfung

In jedem Betrieb, der ausbildet, muss mindestens ein Ausbilder, der die Ausbildereignungsprüfung nach der Ausbildereignungsverordnung (AEVO) abgelegt hat, vorhanden sein.

Aus- und Weiterbildungspädagoge

Der Aus- und Weiterbildungspädagoge sollte eigenständig und eigenverantwortlich folgende Aufgaben in der beruflichen Aus- und Weiterbildung umsetzen:

- Bildung planen und durchführen
- Ausbildungsordnung umsetzen und berufspädagogisch begleiten
- Gewinnung von Auszubildenden
- Auszubildende und Beschäftigte individuell und berufsbegleitend fördern
- Qualität der Bildungsprozesse sichern und optimieren

Berufspädagoge

Der Berufspädagoge gehört zu dem fachlich, methodisch, pädagogisch und führungstechnisch hoch qualifizierten Bildungspersonal. Steigende Anforderungen der Arbeitswelt verlangen nach einem professionellen Bildungsweg. Dieser besteht in einer Aufstiegsfortbildung für Ausbilder und fachlich qualifizierte Mitarbeiter mit berufspädagogischen Aufgabestellungen.
(Siehe auch „Verordnung über die Prüfung zum anerkannten Fortbildungsabschluss Geprüfter Berufspädagoge/Geprüfte Berufspädagogin" vom 22.08.2009, zu finden unter www.juris.de)

Berufsbildungsgesetz

Abk.: (BBiG)
Das Berufsbildungsgesetz regelt in Deutschland die Berufsausbildung im dualen System.

Betriebsverfassungsgesetz

Abk.: (BetrVG)
Das Betriebsverfassungsgesetz ist quasi das Grundgesetz für den Betrieb und regelt unter anderem folgende ausbildungsrelevante Fragen:

- Wann darf der Betriebsrat mit entscheiden?
- Welche Rechte hat die JAV?

Duale Ausbildung

oder Duales Berufsausbildungssystem
Die duale Ausbildung gibt es in Deutschland, der Schweiz und in Österreich. Es handelt sich um eine parallele berufliche Ausbildung in Betrieben und Berufsschulen.

Fachkompetenz
Fachkompetenz bedeutet fachtheoretisches Wissen, gute fachpraktische Fertigkeiten, fachliches Engagement und permanente fachliche Fortbildung.

Handlungskompetenz
Die Handlungskompetenz ergibt sich aus der Fach-, Methoden-, Sozial- und Personalkompetenz.

Handwerkskammer
Abk.: HWK
siehe Industrie- und Handelskammer

Die HWK gilt für das Handwerk und wird durch die Handwerksordnung (HwO) geregelt.

Hardskills
engl.: harte Fähigkeiten
andere Beschreibung für fachliche Fertigkeiten und Kenntnisse

Industrie- und Handelskammer
Abk.: IHK
Die IHK ist die zuständige Stelle für die Beratung und Überwachung der Berufsausbildung. Sie prüft, ob Ausbilder und Ausbildungsbetriebe geeignet sind. Sie organisiert die Zwischen- und Abschlussprüfungen bzw. gestreckten Abschlussprüfungen (Teil 1 u. 2).

JAV
Jugend- und Auszubildendenvertretung

Jugendarbeitsschutzgesetz
Gesetz zum Schutze Jugendlicher im Beruf

Kognitiv
Aufmerksamkeit, Lernen, Erinnern, Wissen (Kopf)

Methodenkompetenz
Ausgereifte, umfassende Kenntnisse zum methodischen Vorgehen

Personalkompetenz
Auf die Persönlichkeit bezogene Fähigkeiten, Eigeninitiative, Lernbereitschaft, Ausdauer und Einstellung zum Beruf

Psychomotorisch
Manuelle Fertigkeit (Hand)

Rahmenlehrplan
Der Rahmenlehrplan beschreibt die Inhalte und Lernziele für den Unterricht der Berufsschulen.

Schlüsselqualifikationen
Schlüsselqualifikationen sind sogenannte „weiche Kompetenzen" – siehe soziale Kompetenz.

Softskills
engl.: „weiche Fähigkeiten"
andere Beschreibung für Schlüsselqualifikationen

Soziale Kompetenz
Teamfähigkeit, kooperatives Verhalten, Toleranz und Kompromissfähigkeit

16. Abkürzungsverzeichnis

AEVO	Ausbildereignungsverordnung
ABB	Ausbildungsbeauftragte
AO	Ausbildungsordnung
AKA	Aufgabenstelle für kaufmännische Abschluss- und Zwischenprüfungen
Azubi	Auszubildende
BBiG	Berufsbildungsgesetz
BetrVG	Betriebsverfassungsgesetz
BiBB	Bundesinstitut für Berufsbildung
BMBF	Bundesministerium für Bildung und Forschung
BMWi	Bundesministerium für Wirtschaft
BR	Betriebsrat
DGB	Deutscher Gewerkschaftsbund
DQR	Deutscher Qualifizierungsrahmen
HWK	Handwerkskammer
HWO	Handwerksordnung
IHK	Industrie- und Handelskammer
JAV	Jugend- und Auszubildendenvertretung
JuArbSchG	Jugendarbeitsschutzgesetz
PAL	Prüfungsaufgaben- und Lehrmittelentwicklungsstelle

17. Quellennachweis

Bundesministerium der Justiz: „Jugendarbeitsschutzgesetz vom 12. April 1976 (BGBl. I S. 965), das zuletzt durch Artikel 3 Absatz 2 des Gesetzes vom 31. Oktober 2008 (BGBl. I S. 2149) geändert worden ist“

Bundesministerium für Bildung und Forschung: www.bmbf.de

Bundesanzeiger www.bundesanzeiger.de

Berufsbildungsgesetz www.gesetze-im-internet.de/bbig_2005

Shell Jugendstudie www.shell.de

Social Network ABC www.planet-beruf.de

Berufsbildungsbericht www.bmbf.de/pub/Berufsbildungsbericht_2017.pdf

Bildquellennachweise sind unter jedem Bild angegeben!

18. Weiterführende interessante Links

www.praktisch-unschlagbar.de

Internetseite des BMBF und BMWi
Tipps rund um Aus/Weiterbildung
für Jugendliche, Eltern, Lehrer und Unternehmen

www.bmwi.de/BMWi/Navigation/Ausbildung-und-Beruf/Ausbildungsberufe/ausbildungsordnungen.html/

Internetseite des BMWi
Alle Ausbildungsordnungen von A-Z

www.gesetze-im-internet.de

Berufsbildungsgesetz

Das Bundesministerium der Justiz stellt in einem gemeinsamen Projekt mit der juris GmbH für interessierte Bürgerinnen und Bürger nahezu das gesamte aktuelle Bundesrecht kostenlos im Internet bereit. Die Gesetze und Rechtsverordnungen können in ihrer geltenden Fassung abgerufen werden. Sie werden durch die Dokumentationsstelle im Bundesamt für Justiz fortlaufend konsolidiert.

www.ausbildernetz.de

Forschungsinstitut Betriebliche Bildung (f-bb) gemeinnützige GmbH

Ermöglicht durch die Unterstützung des Bayerischen Staatsministeriums für Wirtschaft, Infrastruktur, Verkehr und Technologie.

www.bibb.de

Bundesinstitut für Berufsbildung (BIBB)

www.foraus.de
Forum für Ausbilder (Bundesinstitut für Berufsbildung)

www.ausbilderwelt.de/category/ausbildungsbeauftragte
Interessante Informationen für Ausbildungsbeauftragte

www.kompetenzen-foerdern.de

19. Weiterführende Literatur

Ausbildung und Beruf
BMBF
BMBF Publik

Duale Ausbildung sichtbar gemacht
BMBF
mit Foliensatz auf CD

Best Practice in der Berufsausbildung
Dieter K. Reibold
www.expertverlag.de/2456
ISBN 978-3-8169-2456-2

Die Ausbilderprüfung – schriftlicher Teil
Dieter K. Reibold
www.expertverlag.de/3248
ISBN 978-3-8169-3248-2

Die Ausbilderprüfung – praktischer Teil
Dieter K. Reibold
www.expertverlag.de/3135
ISBN 978-3-8169-3135-5

„Spezialliteratur" finden Sie im Anhang.

20. Schlusswort

Ich hoffe, auch die 4., neu bearbeitete und aktualisierte Auflage der Handbuchs konnte ein wenig „Licht“ in die Materie „betriebliche Ausbildung“ und Lernprozessbegleitung bringen, um die wichtige tägliche Arbeit der vielen Ausbildungsbeauftragten vor Ort ein wenig zu erleichtern, um unsere Auszubildenden zu motivieren und letztendlich zu begeistern.

> **„Nur wer selber brennt, kann Feuer in anderen entfachen.“**
>
> Augustinus von Hippo
> Römischer Philosoph

Alle Angaben sind nach bestem Wissen und Gewissen recherchiert, sollte sich trotzdem ein Fehler eingeschlichen haben, so lassen Sie es uns bitte wissen.

Im Anhang habe ich noch eine kleine Auswahl an interessanten Informationen sowohl für Ausbildungsbeauftragte als auch für Auszubildende zusammengestellt und außerdem findet sich dort ein Ausblick auf eine kommende Ausbilderweiterbildung oder gar Prüfertätigkeit.

Die 4., neu bearbeitete und aktualisierte Auflage sollte Pflichtlektüre für Personalverantwortliche, Betriebsräte, hauptamtliche Ausbilder und Mitarbeiter mit Vorgesetztenfunktion sein.

Im Zeitalter der modernen Kommunikationstechnologien ist es relativ einfach, selber zur Thematik zu recherchieren. Zudem ist es spannend und erweitert den „Ausbilderhorizont“.

21. Anhang

Informationen zu Workshops und Seminaren für Ausbildungsbeauftragte finden Sie unter folgenden Links:

www.ihk-offenbach.de
www.igbce.de
http://frc-ps.de/ausbildungsbeauftragte

Hier lohnt sich auf jeden Fall eine Recherche im Internet zum Thema!

Hier finden Sie eine kleine Auswahl an interessanten Fachzeitschriften bzw. Fachartikeln:

fit durch Ausbildung
zu finden unter: www.universum.de

Das Berufswahlmagazin für Jugendliche mit Migrationshintergrund hat die Berufsorientierung zum zentralen Thema. Es informiert z. B. über die Anforderungen für eine Berufsausbildung, Unterstützungsmöglichkeiten während der Ausbildung sowie das Serviceangebot der Berufsberatung.

Fördern und Qualifizieren

Bildquelle: Pexels.com

Die Fachzeitschrift „direkt“ wendet sich an alle, die mit der Ausbildung und der beruflichen Integration benachteiligter junger Menschen befasst sind, besonders auch an Ausbildende, Personalverantwortliche und Betriebsräte.

Herausgeber: Beide Fachzeitschriften werden von der Bundesagentur für Arbeit herausgegeben.

Eine Anfrage bei der Bundesagentur für Arbeit oder beim jeweiligen Jobcenter lohnt sich auf jeden Fall, um sich „rund um die Ausbildung“ zu informieren.

Bildquelle: Bildungspraxis

Die Bildungspraxis ist eine Fachzeitschrift für den gewerblich-technischen Aus- und Weiterbildungsmarkt.

Sie wendet sich an Führungskräfte, Einkäufer, Aus- und Weiterbildungsverantwortliche in Industrie, Handwerk und überbetrieblichen Ausbildungsstätten sowie an Lehrkräfte in Berufsschulen und an Techniker- und Meisterschulen. Ebenso angesprochen sind Dozenten und Professoren der entsprechenden Fachhochschulen. Die redaktionellen Inhalte informieren über Produkte und Entwicklungstrends und zeigen Lösungsmöglichkeiten für den effizienten Einsatz von Lehr- und Lernmitteln auf. Folgende Rubriken erscheinen in der Bildungspraxis regelmäßig: Fachbeiträge, Bildungstitel, Rezensionen, Weiterbildung, Seminare, Berichte (Adressen, Personen, Termine).

Ausbildung im Bildungsraum Europa

Der Weg für die Einführung des Deutschen Qualifikationsrahmens www.dqr.de ist frei. Spitzenvertreter von Bund, Ländern und Sozialpartnern haben sich auf einen Kompromiss verständigt. Zugleich wurde beschlossen, dass zweijährige berufliche Erstausbildungen auf Niveau 3 und drei- und dreieinhalbjährige Erstausbildungen auf Niveau 4 eingestuft werden. Schon zuvor bestand zwischen Bund, Ländern und Sozialpartnern Einigkeit, auf Niveau 6 die Abschlüsse Bachelor und Meister zu verorten.

Mit dieser Entscheidung wurde ein wichtiger Schritt auf dem Weg zum Bildungsraum Europa gemacht. Bund, Länder, Sozialpartner und Hochschulvertreter haben bei der Erarbeitung des DQR vertrauensvoll zusammengearbeitet.

Das gemeinsame Ziel ist es, Mobilität und Transparenz in Europa zu fördern, die Gleichwertigkeit von allgemeiner, hochschulischer und beruflicher Bildung zu verwirklichen und die Durchlässigkeit zwischen den verschiedenen Bildungsbereichen zu erhöhen. Die berufliche Bildung ist in Deutschland so stark wie in kaum einem zweiten Land. Die Jugendarbeitslosigkeit ist nur halb so hoch wie der Schnitt in Europa.

Damit ist entschieden, dass zunächst auf den DQR-Niveaus 1 und 2 die Berufsausbildungsvorbereitung angesiedelt wird, auf Niveau 3 die zweijährige berufliche Erstausbildung und Niveau 4 die drei- und dreieinhalbjährige berufliche Erstausbildung. Auf Stufe 5 sollen Fortbildungen, die vergleichbar sind mit dem IT-Spezialisten, verortet werden. Niveau 6 erreichen der Bachelor, der Meister, der Fachwirt und die Fachschulabschlüsse wie Techniker. Stufe 7 werden der Master und der Operative Professional (IT) zugeordnet und Stufe 8 die Promotion.

Meister und Techniker werden dem gleichen Niveau zugeordnet wie der Bachelor. Denn damit wird deutlich:

In Deutschland hat jeder die Chance zum Aufstieg, über den akademischen Weg genauso wie über den Weg der beruflichen Bildung.

Weitere Informationen unter:
www.deutscherqualifikationsrahmen.de
Quelle: www.bmbf.de

Das Bundesinstitut für Berufsbildung (BiBB) bietet folgende Schriftenreihen an:

Die Erläuterungen und Umsetzungshilfen unterstützen Ausbilderinnen und Ausbilder, Berufsschullehrerinnen und Berufsschullehrer, Prüferinnen und Prüfer und nicht zuletzt die Auszubildenden selbst, die Durchführung ihrer Ausbildung und der Prüfungen effizient und nah an der beruflichen Praxis orientiert zu gestalten.

Weiterführende Literaturhinweise und Adressen runden die neue Reihe des BiBB www.bibb.de ab.

Bildquelle: BiBB
Herausgeber: Bundesinstitut für Berufsbildung

Bislang sind in **„Ausbildung gestalten"** folgende Erläuterungen und Umsetzungshilfen erschienen:

- Personaldienstleistungskaufmann / Personaldienstleistungskauffrau
- Bestattungsfachkraft
- Berufsausbildung im Maler- und Lackiergewerbe
- Änderungsschneider / Änderungsschneiderin
- Maßschneider / Maßschneiderin
- Fachverkäufer / Fachverkäuferin im Lebensmittelhandwerk – Schwerpunkt Bäckerei
- Fleischer / Fleischerin
- Technischer Produktdesigner / Technische Produktdesignerin
- Industrielle Keramikberufe
- Friseur / Friseurin

Zum Thema Ausbildung gibt es mittlerweile einige ganz nützliche Apps:

Der Begriff App: engl. Kurzform für **app**lication, also Anwendung.

Zum Beispiel:

Ausbildung von A-Z
Herausgeber: IG Metall-Vorstand
www.igmetall-jugend.de
Gefördert aus Mitteln des Kinder- und Jugendplans des Bundes

Ausbildung von A-Z
Herausgeber: Ver.di Jugend
www.verdi-jugend.de
Diese Apps sind kostenlos, inhaltlich ähnlich aufgebaut und befassen sich in Kurzfassung mit Themen rund um die Ausbildung von A-Z.
Gefördert aus Mitteln des Kinder- und Jugendplans des Bundes

Prüfung WISO
Herausgeber: Verlag Europa-Lehrmittel
Hier gibt es eine Vielzahl von Prüfungsvorbreitungs-Apps

Die Angaben sind ohne Gewähr und der Herausgeber verpflichtet sich nicht auf ein regelmäßiges Update.

Warum nicht Prüfer werden?

Engagement für ein leistungsfähiges Berufsbildungssystem.

Ein modernes Berufsausbildungssystem mit leistungsfähigen Strukturen, das zugleich Übergangsmöglichkeiten in andere Qualifizierungsbereiche bereitstellt, ist Grundlage für die berufliche Entwicklungsmöglichkeit und für eine zukunftsorientierte Gestaltung der Arbeitswelt. Berufliche Bildung ist Bildung, Qualifizierung, Persönlichkeitsentwicklung, Standortsicherung und Beschäftigungsförderung zugleich. Die Industriegewerkschaft Bergbau, Chemie, Energie ist an der Weiterentwicklung und Modernisierung der dualen Berufsausbildung beteiligt. Sie will das Bildungssystem als herausragenden positiven Standortfaktor insbesondere durch die quantitative und qualitative Weiterentwicklung der Aus- und Weiterbildung und des dualen Systems voranbringen.

Es geht um den Ausgleich von Qualifizierungs- und Bildungsinteressen von Jugendlichen, Betrieben, Gesellschaft und Wirtschaft insgesamt. Eine fortlaufende Verständigung über Ziele und Aktivitäten zwischen den Arbeitgeberverbänden, der IG BCE und den politisch Handelnden ist deshalb für die Funktionsfähigkeit der dualen Berufsausbildung unerlässlich.

Die IG BCE gestaltet mit Gewerkschaftern aus ihrem Organisationsbereich als sachverständigen Experten in eigener Sache neue und moderne Ausbildungsberufe in Neuordnungsverfahren. Sie arbeitet in den Ausschüssen des Bundesinstitutes für Berufsbildung und steht für die Integration des deutschen Berufsbildungsmodells in Europa. Strukturelle Erneuerung und Modernisierung im Sinne der in der Arbeitsgruppe „Aus- und Weiterbildung“ im Bündnis für Arbeit, Ausbildung und Wettbewerbsfähigkeit getroffenen Vereinbarungen zum dualen System der Berufsausbildung werden von ihr vorangetrieben. Die IG

BCE ist Kooperations- und Ansprechpartner für Betriebsräte, Jugend- und Auszubildendenvertreter, Berufsbildungsausschüsse, Ausbilder und Prüfungsausschussmitglieder. Sie gestaltet Berufsbildungspolitik mit ihren Sozialpartnern in den Berufsbildungsräten Chemie, Papier und Glas. Sie ist in den Prüfungsaufgabenerstellungsausschüssen bei den gewerblich-technischen und kaufmännisch verwaltenden Berufen präsent. Zudem führt sie im Rahmen des BMBF-Projektes umfangreiche Qualifizierungsmaßnahmen für Ausbilder und Prüfer durch.

Warum sollte ich Prüfer werden?

Viele Gründe sprechen dafür, Prüfer zu werden.

- **Verantwortung übernehmen** – Prüfen bietet Ihnen die Chance, sich aktiv in die Qualifizierung Auszubildender des jeweiligen Berufes einzubringen.
- **Persönlichkeit entwickeln** – Schulen Sie persönliches Auftreten, Empathie, Durchsetzungsfähigkeit und Ansprachekompetenzen und Sie profitieren davon in Alltag und Beruf.
- **Vernetzen** – Die Ausschussarbeit vernetzt Sie mit Kollegen und Kolleginnen anderer Betriebe in Ihrer Region, mit Verantwortlichen in Berufsschulen und in den Kammern.
- **Kompetenzen erweitern** – Die Arbeit in Prüfungsausschüssen hält Sie kontinuierlich auf dem aktuellsten Entwicklungsstand des jeweiligen Berufes: Innovationen, Fortschritt und Trends in Ausbildung und im Prüfungswesen.
- **Ausbildung mitgestalten** – Nutzen Sie die Möglichkeit, auf Probleme und Aspekte der Ausbildung, die in Ihrem Betrieb auftreten, im Prüfungsausschuss hinzuweisen und so Ausbildung und Prüfungen aus Betriebssicht mitzugestalten.
- **Ausbildung im Betrieb verbessern** – Nehmen Sie Anregungen und neueste Trends aus den Ausschüssen mit in

Ihren Betrieb und helfen Sie so dabei, die betriebsinterne Ausbildung zu verbessern.

- **Betriebliche Imagepflege** – Zeigen Sie, dass Sie sich für Ausbildungsqualität und praxisnahe Prüfungen einsetzen und sorgen Sie so für eine positive Außendarstellung Ihres Betriebs.
- **Praxisnähe garantieren** – Sorgen Sie durch Ihre Arbeit dafür, dass sich Prüfungen an der beruflichen Praxis orientieren, und damit für eine den Betriebsanforderungen entsprechende Ausbildung zukünftiger Kolleginnen und Kollegen.
- **Betriebsinternes „Standing" verbessern** – Signalisieren Sie Ihren Kolleginnen und Kollegen und Ihren Vorgesetzten, dass Sie sich für Betriebsinteressen wie praxisnahe Prüfungen und die Qualifikation zukünftiger Mitarbeiter/innen einsetzen.
- **Weiterbildungsmöglichkeiten für Prüfer** – Nutzung und Verbesserung von fachlichen und methodischen Kompetenzen in speziell für Prüfer in Berufsbildungsausschüssen konzipierten Veranstaltungen.

Wie kann ich Prüfer werden?

Die Mitglieder in den Prüfungsausschüssen und deren Stellvertreter werden von der zuständigen Stelle für längstens 5 Jahre berufen.

Berufen werden:

- **Arbeitgeberbeauftragte** direkt von der zuständigen Stelle
- **Arbeitnehmerbeauftragte** auf Vorschlag der zuständigen Gewerkschaften
- **Lehrer** im Einvernehmen mit der Schulaufsichtsbehörde

Die Einzelgewerkschaften melden für die jeweiligen Berufe ihre Arbeitnehmervertreter an den DGB. Dieser koordiniert dann die vorliegenden Vorschläge und meldet die Vertreter an die zuständige Stelle zur Berufung in die jeweiligen Prüfungsausschüsse.

Vom DGB vorgeschlagene Vertreter können von der zuständigen Stelle nur abgelehnt werden, wenn sie die Voraussetzungen für Mitglieder in Prüfungsausschüssen nicht erfüllen. Die zuständige Stelle muss die vorgeschlagenen Arbeitnehmervertreter somit berufen!

Werden vom DGB keine Arbeitnehmervertreter benannt, so kann die zuständige Stelle die freien Plätze nach eigenem Ermessen pflichtgemäß besetzen.

Ich will Prüfer werden!

Material zum Downloaden und mehr Informationen im Netz finden Sie unter:

www.pruefungswesen.igbce.de

Bildquelle: IG BCE

Wenn Sie Prüfer werden möchten, rufen Sie einfach an oder schicken Sie eine Mail.

Ilona Zarnikow IG BCE
Tel.: +495117631235
Email: ilona.zarnikow@igbce.de

Warum sollte ich Mitarbeiter als Prüfer freistellen?

Mitarbeiter zur Prüfung freistellen bedeutet, Mitarbeiter zu qualifizieren. Es folgen weitere Gründe, Mitarbeiter zum Prüfen zu ermutigen:

- **Mündige Mitarbeiter** – Das Prüfen bietet Mitarbeitern die Chance, Verantwortung zu übernehmen und eigenverantwortlich zu handeln. Diese Eigenschaften helfen dem Mitarbeiter und dem Unternehmen im Berufsalltag.
- **Persönlichkeit entwickeln** – Die Prüfertätigkeit verbessert das persönliche Auftreten, die Empathie, Durchsetzungsfähigkeit und die Ansprache Kompetenzen des Mitarbeiters. Davon profitiert das Unternehmen.
- **Vernetzen** – Über Ihren Mitarbeiter erhalten Sie Zugang zu regionalen Netzwerken und Institutionen der beruflichen Bildung in Ihrer Branche.
- **Bleiben Sie auf dem neuesten Stand** – Über Prüfer in Ihrem Unternehmen bleiben Sie kontinuierlich auf dem aktuellsten Wissensstand bezüglich Trends und Neuerungen im jeweiligen Ausbildungsberuf.
- **Ausbildung mitgestalten** – Weisen Sie über Prüfer in Ihrem Unternehmen auf Probleme und Aspekte der Ausbildung im Prüfungsausschuss hin, die speziell in Ihrem Betrieb auftreten.

- **Ausbildung im Betrieb verbessern** – Der Prüfer nimmt Anregungen aus den Ausschüssen mit in den Betrieb und hilft so dabei, die betriebsinterne Ausbildung zu verbessern.
- *Außendarstellung* – Mit der Freistellung von Prüfern zeigen Sie, dass sich Ihr Unternehmen für Ausbildungsqualität und praxisnahe Prüfungen einsetzt.
- *Durch praxisnahe Prüfungen zukünftige Mitarbeiter qualifizieren* – Durch die Freistellung von Prüfern aus Ihrem Betrieb garantieren Sie praxisnahe Prüfungen und sorgen somit selbst für sofort einsetzbare und mit den Berufsanforderungen vertraute zukünftige Mitarbeiter.

Qualifizierung von Prüfern

Sich ändernde Ausbildungsberufe und -ordnungen, technologischer Wandel und eine immer prozessnähere Ausbildung sorgen für einen fortwährenden Qualifizierungs- und Weiterbildungsbedarf.

Die IG BCE bietet Prüferinnen und Prüfern jedes Jahr aufs Neue ein den Veränderungen der Arbeitsumwelt und des dualen Berufsausbildungssystems angepasstes und umfangreiches Weiterbildungsangebot an.

Das Angebot ist auf die am meisten in der IG BCE vertretenen Berufe abgestimmt. Neueste Trends und Prüfungsanforderungen der Elektro-, Metall-, naturwissenschaftlichen und kaufmännischen Berufe finden sich ebenso im aktuellen Weiterbildungsprogramm wie die Schulung von Schlüsselkompetenzen wie das Moderieren, der Umgang mit Stress und Prüfungsangst oder das Bewerten von Prüfungsleistungen.

Diese Seminare sind speziell für Mitglieder in Prüfungsausschüssen konzipiert, aber Teilnehmer ohne Prüferhintergrund sind willkommen.

Nähere Informationen gibt es über www.igbce.de oder über die Kontaktadresse zur Prüfergewinnung.

Weitere Weiterbildungsangebote findet man auch unter www.igmetall-wap.de/weiterbildung, das Berufsbildungsportal für Mitglieder der IG Metall.

Informationen zum Thema des Verdi Portals WAP (Weiterbilden- Ausbilden – Prüfen) findet man unter www.ausbildung.info

Die zuständigen Industrie- und Handelskammern (IHK) und Handwerkskammern (HwK) bieten außerdem zahlreiche Informationen zum Thema an. Weiterbildungen können auch dort erfragt werden. Da dies regional unterschiedlich gehandhabt wird, lohnt es sich in jedem Fall, die jeweilige Kammer zu suchen und zu kontaktieren.

Welche Kammer für wen zuständig ist, findet man unter:
www.dihk.de/ihk-finder
www.zdh.de

Aufwandsentschädigung

Zwar arbeiten Prüfer ehrenamtlich, doch werden sie für ihren Zeitaufwand entschädigt.

Das Prüferamt ist ein Ehrenamt. Die Mitarbeit ist freiwillig und wird nicht entlohnt. Daher regelt der Prüfer den zeitlichen Aufwand, den er pro Jahr in die Prüfertätigkeit investiert, mit der zuständigen Kammer selbst.

In der Regel wird er vom Arbeitgeber für die Prüfertätigkeit unter Fortzahlung der Bezüge freigestellt. Die zuständige Stelle leistet eine Aufwandsentschädigung und kommt für die im Zusammenhang mit der Prüfung entstandenen Auslagen auf.

Quelle: Prüfergewinnung: Industriegewerkschaft Bergbau, Chemie, Energie